就是爱美味——

学生喜爱的营养餐

王媛媛　著

U0386009

为孩子的健康成长
提供合理的饮食参考

分步详解 / 私房窍门
营养均衡 / 精美实拍

黑龙江科学技术出版社

图书在版编目（ＣＩＰ）数据

就是爱美味：学生喜爱的营养餐 / 王媛媛著. --
哈尔滨：黑龙江科学技术出版社，2018.3
ISBN 978-7-5388-9282-6

Ⅰ．①就… Ⅱ．①王… Ⅲ．①保健－食谱 Ⅳ.
①TS972.161

中国版本图书馆 CIP 数据核字(2017)第 128901 号

就是爱美味——学生喜爱的营养餐

JIU SHI AI MEIWEI ——XUESHENG XI'AI DE YINGYANGCAN

作　　　者	王媛媛	
项目总监	薛方闻	
责任编辑	宋秋颖	
封面设计	博鑫设计	
出　　　版	黑龙江科学技术出版社	

地址：哈尔滨市南岗区公安街 70-2 号　邮编：150007
电话：（0451）53642106　传真：（0451）53642143
网址：www.lkcbs.cn　www.lkpub.cn

发　　　行	全国新华书店
印　　　刷	大厂回族自治县正兴印务有限公司
开　　　本	787 mm×1092 mm 1/16
印　　　张	11
字　　　数	100 千字
版　　　次	2018 年 3 月第 1 版
印　　　次	2018 年 3 月第 1 次印刷
书　　　号	ISBN 978-7-5388-9282-6
定　　　价	36.80 元

Preface 前 言

　　这是一本美食书，但它又不仅仅是一本美食书，它是一个妈妈在不知不觉中用辛勤和爱积攒下的宝贵的财富。一道道美食幻化成妈妈最真挚的希望，希望孩子吃得营养、吃得健康；一套套配餐搭配出妈妈最细心的呵护，呵护着孩子的身体和心灵。而所有的这一切，都只是希望孩子能够茁壮成长，长成妈妈所期盼的样子，长成他自己所梦想的样子。

　　作为美食栏目的主持人，作者愿意将自己多年的烹饪心得与大家分享，分享美丽的菜肴、分享制作的过程；作为一个小学生的妈妈，作者愿意让所有的爸爸妈妈都学会烹饪、善于调配，让所有的学生都能尽享美味、健康快乐。于是她精挑细选了平日里孩子最喜欢吃的近 70 道美味佳肴，以及数十套为孩子精心搭配的套餐，编辑成本书。

　　本书以"把简单的美食精美化，把复杂的美食简单化"为初衷，尽量使食材普通化、调料基本化，让爸爸妈妈们可以轻轻松松地学会，在家里就能给孩子做出最受欢迎的营养餐。自家的厨房就是爸爸妈妈们的"战场"，既可以烹制出独具特色的美食，也可做出媲美餐馆的佳肴，因为从这里出品的都是以"爱"冠名的营养餐点。作者在每道美食的前后都加上了自己的"心里话"和"小贴士"，这些小叮咛会让每道菜品的制作更轻松、滋味更可口，而这些文字都是作者满满的真诚与爱意的呈现。

当您拿到这本书的时候，请您把它当作好朋友的手记，或者当作邻家姐妹的美食分享，总之，是亲人朋友为您献上的贴心帮助吧！放下挑剔犀利的眼光来阅读，您会收获一份别样的滋味在心头。

Contents
目 录

今天我要用菠萝作为食材来做一款美食。水果味的饭，一般孩子都特别喜欢，如果再做得精美一些，哪个孩子能拒绝呢？菠萝用于炒饭当中，每粒米饭都吸收了菠萝的清香味道，清清爽爽的感觉，一定能给餐桌带来更多的快乐。

ENJOY DELICIOUS FOOD

菠萝炒饭

[制作食材]

菠萝、白米饭、胡萝卜、青椒、鸡精、
盐、生抽、色拉油各适量

[制作方法] 🍴

炒饭的制作方法

1. 胡萝卜和青椒都切成均匀的丁状。

2. 菠萝也切成小方块,大小比胡萝卜和青椒略大一些。

3. 在锅内倒入少许色拉油,等油温八分热时,加入胡萝卜丁(图1),炒到颜色稍变。

4. 加入青椒丁(图2)继续翻炒几下。

5. 加入1大勺生抽、1小勺鸡精、1小勺盐,翻炒均匀(图3)。

6. 加入米饭,用铲子把米饭压散,翻炒均匀(图4)。

7. 把菠萝块加入其中(图5),大火继续翻炒几下,马上关火(图6)。

菠萝盅的制作方法

8. 香水菠萝留两头,用刀切1/3的深度(图7),不要切断。

9. 横切开来,这样就能顺利取下菠萝的1/3。

10. 用挖果肉的勺子,把剩余的大部分菠萝肉挖出来(图8)。这样就成为了一个菠萝容器。

11. 把炒好的菠萝饭,装到菠萝容器中即可(图9)。

小贴示 💡

这样一款美味又好看的菠萝饭就做好了。这款美食不建议孩子参与制作,因为菠萝外表非常扎手,如果一定要帮忙,那么就将胡萝卜和青椒请洗干净吧。

食材非常简单，和面的时候要稍用力，让面团稍软一些，因为面粉不同，吸水量也不同，揉面加水或奶的时候，要凭手感。面团加色拉油后，会更柔韧、劲道。这款饼，更易于孩子们亲手制作，我想出自孩子们手中的饼，一定别有风味。

ENJOY DELICIOUS FOOD

麦香旋转饼

[制作食材]

面粉、热牛奶、色拉油、盐、五香粉各适量

[制作方法] 🥄

1. 面粉中加入适量的牛奶（图 1），搅拌成面疙瘩。在加牛奶的时候，大家要每次少量地加奶。根据面的状态，如果面团干就多加一点儿牛奶，如果面团太软就要添加面粉。

2. 在面粉中加入 1 大勺量的色拉油（图 2），然后揉成面团。

3. 面团揉好后用保鲜膜覆盖（图 3），静置 15 分钟。

4. 松弛好的面团再揉一会儿，就会变得更加光滑。取一小块面团，擀成薄面片。

5. 在面片上撒适量的盐和五香粉（图 4），涂抹均匀。把面片掀起一端卷成卷（图 5）。

6. 把卷好的面卷用擀面杖擀平后，再掀起一端卷成卷（图 6）。

7. 把卷好的面卷擀成圆形的饼状生坯（图 7）。

8. 在平底锅内刷一层色拉油（图 8），油温七分热时，把擀好的饼两面煎成金黄色（图 9），即可出锅。

小贴示 💡

在煎饼时，始终都要保持最小的火候，以免大火造成外煳、里不熟的后果。

两个版本的蛋黄片食材和蛋黄糊都是同一种方法。其实，烤箱做的这款呢，比较容易，只要设定好温度，盯得紧一点儿，就没有问题。但是用平底锅来做呢，一定要掌握好火候，一定要微火，不然啊，很容易糊掉。再有，就是不能用锅底太薄的平底锅，因为锅底太薄，导热快，但是受热不均匀，蛋黄片容易糊掉。所以要用平底锅来做，就要先看看锅底的厚度了。什么样的颜色才是代表熟了呢？就是底面为棕色，用手碰触蛋黄片表面，饼干体不粘手，那么就代表熟了。

ENJOY DELICIOUS FOOD

蛋黄片的两种制作方法

[制作食材]

低筋面粉90克，鸡蛋1个，鸡蛋黄2个，白糖
60克，盐适量

[制作方法]

1. 鸡蛋、鸡蛋黄、白糖、盐一同放入一个大碗中混合（图1）。

2. 用手动打蛋器搅打均匀（图2），要按一个方向，并且将蛋液
   打得稍黏稠（图3）。

   * 顺便说一下，大家在搅拌的时候，把容器抬起一面，倾斜地打
   比较容易，为了防止容器不稳当，在容器下面垫一块毛巾，这样
   就起到了稳定的作用，打起来更顺手。

3. 筛入低筋面粉（图4），用橡胶刮刀搅拌成糊状（图5）。

   * 这时候，面糊的状态是黏稠的，能够流动的状态。如果你的面
   糊是流动的，但不是黏稠的，那么你就要尝试再加入一些低筋面
   粉。如果你的面糊很黏稠，但是不会流动，这样也是不行的，那
   么就要少量的加点儿牛奶调一下浓稠度。总而言之，就是要既黏
   稠，当倾斜的时候，又有缓慢的流动，就OK了。

[制作方法]

4. 接下来，把蛋糕倒入裱花袋中（图6）。

    * 不得不再次啰嗦一下，此时啊，我要教大家巧妙地把蛋糕干干净净、利利索索地装进裱花袋中的方法。取一只杯子，把裱花袋三角形的底部放到杯子里，然后用手把裱花袋撑起来，再把多余的部分翻到杯子外部。这样就可以放心地装蛋糕啦。装完之后，再把卷起的部分抻直就好啦。

5. 把大口的部分旋转卷起来（图7）。然后用剪刀将裱花袋尖尖的部分剪掉（图8）。把蛋糕挤到烤盘上（图9）。

    * 如果没有烤盘垫，可以铺油纸或者锡纸。挤的时候，要留空隙。

6. 160℃预热烤箱5分钟。把烤盘放入烤箱中层，160℃烤10分钟左右即可。

小贴示 要根据蛋黄片的颜色而决定最终的时间。因为每个烤箱会有温差的。

　　海苔、芝麻、肉松的营养非常丰富，所以我们把海苔、芝麻和肉松集合在一起，做一款美味营养全面的饼干，是非常有成就感的，不仅孩子喜欢，担心会发胖的爸爸妈妈们也超级喜欢，这款咸味的饼干很有人缘的哦！

ENJOY DELICIOUS FOOD

海苔肉松饼干

[制作食材]

低筋面粉150克，鸡蛋50克，黄油75克，细砂糖10克，泡打粉3克，肉松30克，海苔8片，芝麻适量

*海苔与肉松和芝麻的用量可以根据口味酌情增减。

[制作方法] 🍴

1. 把海苔剪碎 (图1)。

2. 把海苔碎、肉松、芝麻, 低筋面粉、泡打粉混合均匀 (图2), 待用。
   将混合物搅拌均匀。

3. 软化后的黄油加入细砂糖 (图3), 用打蛋器打到体积稍膨大, 颜色发白。

4. 分3次加入鸡蛋液, 搅拌均匀, 第一次加入搅拌均匀 (图4)。

5. 每次加入都要搅拌均匀。

6. 加入鸡蛋以后的黄油要搅打均匀 (图5)。

7. 倒入面粉混合物 (图6), 揉成光滑的面团 (图7)。

8. 揉成面团的时候, 只要揉成团就可以, 不要过分揉搓, 以免影响饼干的松脆口感。

9. 将面团放在案板上, 擀成长方形面片 (图8)。

10. 用锋利的刀将面片切成条状, 把切好的小条排入烤盘 (图9)。

11. 烤箱中、上层均设为170℃, 烘烤15分钟左右, 即可。

多吃蔬菜的好处谁都知道，可有的孩子却不愿意吃，这就需要爸爸妈妈开动脑筋了。把颜色搭配得漂亮一点，做一些奇特的图案，这都是不错的选择啊。

ENJOY DELICIOUS FOOD

耗油双花

[制作食材]

西蓝花、花椰菜、胡萝卜、大蒜、鸡精、耗油、水淀粉、色拉油各适量

[制作方法] 🔄

1. 胡萝卜 5 片，用剪刀剪成好看的形状 (图 1)。

   * 这个步骤可以交给孩子操作，大人帮忙把胡萝卜切成薄片，要把剪刀换
   成儿童安全剪，要在成人的监督下操作，注意安全。

2. 把西蓝花和花椰菜撕成小朵，用清水洗净 (图 2)。

3. 将大蒜切成蒜末 (图 3)。

4. 把洗净的两种菜花放在沸水中焯 2 分钟。切好的胡萝卜花也
   放在热水中焯一下 (图 4)，只要颜色稍变就可以了。

5. 焯好的两种菜花，放在冷水中浸一下 (图 5)。

6. 沥干水分，备用 (图 6)。

7. 锅内倒入色拉油，至油温八分热时放入蒜末 (图 7)。

8. 炒出蒜香味后，加入沥干水的双花 (图 8)。

9. 大火翻炒，然后加入 2 大勺耗油、1/3 勺鸡精 (图 9)。

10. 调 1 勺量的水淀粉 (图 10)，倒入锅内勾芡。关火盛入盘中。

11. 将胡萝卜花作为点缀即可。

   * 因为耗油中的盐分很足，所以不另外加盐。

小贴示 💡

花椰菜也叫作菜花，宝宝常
吃花椰菜，可促进生长、维持
牙齿及骨骼正常发育、保护
视力、提高记忆力，还能增强
免疫能力，预防感冒。
西蓝花能够健脑壮骨、补脾
和胃；丰富的维生素 c 含量，
可增强肝脏解毒能力，并能
提高机体的免疫力，可防止感
冒的发生。

　　我特别喜欢香香的小零食，例如，葵花籽酥、核桃酥、芝麻酥等等。于是，我就想，把喜欢吃的坚果类，统统地放在一起做款好吃的零食吧。自己制作卫生安全，还有乐趣。看看柜子里一个个的密封盒里的好吃的哇还真不少啊！呵呵这下可乐坏了我。接下来，就看我是如何变化了。

　　嗯，我要吃花生、核桃、黑芝麻——嘿嘿，还我有心爱的圣女果干，真棒！我还喜欢燕麦片的味道，好嘞！接下来看我整合后的结果吧，嘻嘻！

ENJOY DELICIOUS FOOD

核桃花生燕麦块

[制作食材] ❶

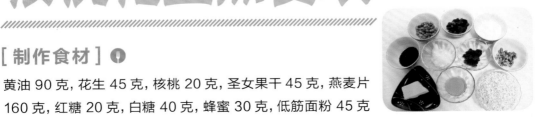

黄油 90 克，花生 45 克，核桃 20 克，圣女果干 45 克，燕麦片 160 克，红糖 20 克，白糖 40 克，蜂蜜 30 克，低筋面粉 45 克

[制作方法]

1. 花生、核桃、黑芝麻分别放入烤箱烤熟，出香味即可。（避免同时烤，会出现有不同步熟的结果。）

2. 烤熟的花生、核桃放入保鲜袋敲碎（图1）。圣女果干切碎。

3. 将花生碎、核桃碎、黑芝麻、圣女果干碎、燕麦片、低筋面粉混合（图2）。

4. 黄油放入微波炉化开至液态（图3），加入红糖、白糖、蜂蜜，充分搅拌至完全混合的状态（图4）。

5. 把什锦混合物与黄油混合物充分搅匀（图5，图6）。

6. 放入7寸方模具或者6寸圆模具中，按实压平（图7）。

7. 放入烤箱中层，上、下火175℃，烤25分钟（图8）。

8. 待凉透切割放入密封盒中保存。常温保存，保质期6天左右。

小贴示

燕麦含粗蛋白质、脂肪，还有磷、铁、钙等元素。燕麦中的B族维生素、叶酸、泛酸含量都比较丰富，特别是维生素E。此外燕麦中还含有谷类食粮中均缺少的皂苷。燕麦可以改善血液循环，促进伤口愈合，并且具有益肝和胃、养颜护肤等功效。燕麦还能够抗细菌、抗氧化，有效地增强人体的免疫力，抵抗流感。

我总认为饮食中也是有心理学的，因此，出于好奇和爱好，我考取了国家二级心理咨询师。饮食中会存在怎样的心理学呢？就以今天的多彩山药为例吧，红、白、绿、黄的颜色搭配，不仅让人赏心悦目，而且让人心情愉悦，于是就会胃口大开，细细咀嚼，慢慢地去品味食物的美味，停下大脑的思考，将味觉感受调充分动起来，这样，食物不仅能填饱肚子，而且能让我们全面吸收它的精髓。

这也是美食要告诉我们的，用感官去认知世界，用柔软去爱一个人。

ENJOY DELICIOUS FOOD

多彩山药

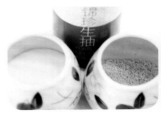

[制作食材] ❶

山药、青椒、玉米粒、胡萝卜各适量
生抽、盐、鸡精、色拉油各适量

[制作方法]

1. 山药、青椒、胡萝卜分别切成丁。

2. 山药和胡萝卜丁,在沸水中焯3分钟(图1)直到熟,捞出沥干。

3. 锅内倒入色拉油(图2),油温八分热,把所有准备好的食材都倒入锅中(图3),用大火翻炒几下。

4. 加入1勺量的生抽,1/3勺的鸡精,少许盐。

   * 在炒这道菜的过程中要尝一下汤汁的味道,如果鸡精和生抽的咸味够了,就可以不加盐了。盐的用量,要根据实际情况来决定。

5. 大火翻炒均匀,即可出锅(图4)。

小贴示

山药的功效:山药所含的淀粉糖化酶有促进消化的作用,可健脾益胃;山药含有黏蛋白、淀粉酶等物质,且含量较为丰富,具有滋补作用,适合病后康复期的人食用;山药还可以益肺止咳祛痰,治疗外感发热咳嗽和外伤感染,小儿痱毒,是非常好的食材。

不爱吃米饭的孩子，一般身体都不会很壮实，为了让家人和孩子爱上米饭，就要花心思了。寿司就是一种特别好的美食，而且寿司可以做出多种口味的，样子也好看，色彩艳丽，对于孩子的视觉冲击也是很大的。孩子喜欢看，就会有兴趣去品尝，慢慢地就会爱上米饭了。

寿司很好做，但是想要做得好吃，就要有耐心和细心了。让孩子一起来做寿司，也是一个让孩子爱上吃饭的好方法。

ENJOY DELICIOUS FOOD

百变寿司

[制作食材] ❶

米饭、紫甘蓝、西生菜、鸡蛋饼、胡萝卜、菠菜、火腿肠、鱼生、盐、白糖、寿司醋各适量

* 要以 1：5：10 进行配比来调配盐、白糖、寿司醋。

[制作方法]

1. 紫甘蓝、西生菜、鸡蛋饼、胡萝卜、菠菜、火腿肠全部切 2 毫米粗细的长条 (图 1)。

2. 处理好鱼生，备用。鱼生可根据自己的口味选择，如虾、马哈鱼子、螃蟹子等等。

3. 蒸好的米饭中放入盐、白糖、寿司醋，调拌均匀。

4. 将拌好调料的米饭平铺在海苔上 (图 2)。

5. 将准备的食材每样都放一条在米饭上 (图 3)。

6. 从海苔的一头卷起 (图 4)，一定要卷得紧紧的，可以借助卷寿司的竹帘 (图 5)。

7. 切型，摆上鱼生，整理好，摆盘即可 (图 6)。

小贴示

米饭是日常生活中的主食之一。常食米饭有补中益气、健脾养胃、益精强志、和五脏、通血脉、聪耳明目、止烦、止渴、止泻的功效。米饭营养丰富，含有人体90%的必需营养元素，且各种营养素十分均衡。做米饭的最佳的方法是蒸，因为这样可以更多地保留大米中的营养。同时，米饭也可以做出许多花样，如添加豆类、薯类，或者是一些蔬菜，这样就可以做出更加香甜且营养丰富的米饭了。

大理石蛋糕是比较容易制作的，而且从口味上来说也比较受欢迎。添加上可可粉，让其中蕴含了巧克力口味，孩子会更喜欢，营养也更丰富。品尝它的时候，可以冲调上一杯高乐高，孩子一定会非常开心。

ENJOY DELICIOUS FOOD

大理石蛋糕

[制作食材]

40克玉米油（色拉油、橄榄油均可），40克牛奶，60克白砂糖，80克低筋面粉，30克可可粉，5个蛋黄，5个蛋清，盐适量，柠檬汁少许

[制作方法] 🥄

蛋黄糊的制作方法

1. 在蛋黄盆中加入牛奶和 30 克的白砂糖，用手动打蛋器搅拌均匀，要搅拌至白砂糖全部溶化，无颗粒状态 (图 1)。

2. 在蛋黄液中加入玉米油 (图 2)，搅拌均匀。

3. 用筛网将低筋面粉筛入蛋黄液中 (图 3)，

4. 用手动打蛋器混合均匀 (图 4)，但是不要按一个方向搅拌，以免出筋而影响口感。

[制作方法] 🔅

1. 在蛋清盆中加入5滴柠檬汁（也可以用白醋代替）（图5），1/4 小勺的盐。

2. 用电动打蛋器打发蛋清，当蛋清呈现出鱼眼泡时候（图6），第一次加入余下白砂糖的1/3 的量（图7），继续打发蛋清。

3. 当蛋清呈现出很多的泡，体积也变大很多的时候（图8），第二次加入余下白糖的一半量（图9），继续打发。

4. 当蛋清糊的泡非常密的时候，加入余下的白砂糖（图10），继续打发到出现细腻的泡，像奶油一样的状态即可。用打蛋器沾一下泡，泡沫呈现出坚挺的小角时就可以了（图11）。

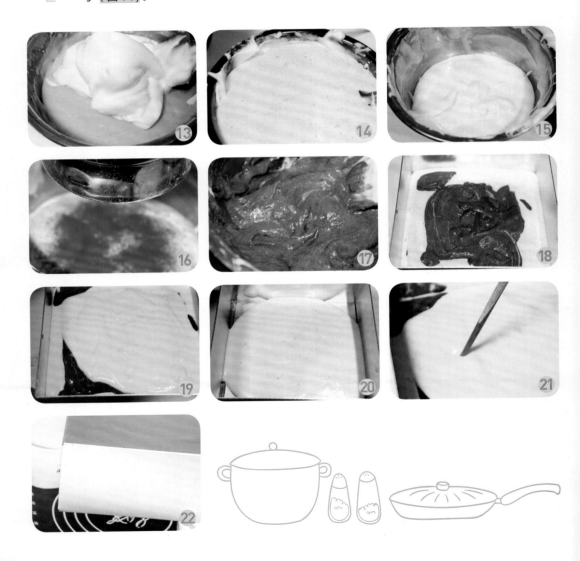

1. 取 1 勺蛋白糊，与蛋黄糊混合 (图 12)，要快速地上下翻拌，直至完全混合。

2. 取一半量的蛋白糊与蛋黄糊混合 (图 13)，还是要快速地上下翻拌，使其混合均匀。

3. 将混合好的蛋糕糊全部倒入余下的蛋白糊中 (图 14)，快速上地下翻拌均匀 (图 15)。

4. 取一个干净容器，取 1/3 的蛋糕糊，将可可粉筛入其中 (图 16)，快速地上下翻拌，使其均匀 (图 17)。

5. 将原色的蛋糕糊倒入模具中约一半的量 (图 18)，然后把混合好的可可蛋糕糊倒在上面 (图 19)。

6. 把余下的原味蛋糕糊倒在可可蛋糕糊上 (图 20)。

7. 使劲儿磕两下模具，使蛋糕糊平整，并让大气泡排出。

8. 用筷子在蛋糕糊上面画几圈 (图 21)。

9. 提前预热烤箱至 150℃，预热 10 分钟。

10. 将蛋糕模具放入预热好的烤箱中 (图 22)，150℃烘烤 40 分钟。

11. 烤好后，戴上隔热手套取出蛋糕模具，将模具倒扣，放至冷却。

12. 在不烫手的情况下，方可脱模。用塑料刀沿着模具边缘划一遍，就能够轻松脱模了。将其切成小块，即可享用。

面片真是历史悠久的传统食品了，记得小时候，姥姥就总做给我吃，快速，味美，面片劲道，汤中可以放好多蔬菜，还可以放我最爱吃的虾米，再用调料调一下味道，哈哈，小学时我就能吃两大碗了。

ENJOY DELICIOUS FOOD

卡通牛奶面片汤

[制作食材]

面粉80克，牛奶50克，盐少许菠菜、海米、胡萝卜、生抽、盐、芝麻油各适量，橄榄油少许

[制作方法]

面片的做法

1. 牛奶、盐加入面粉中，揉成面团（图1）。
2. 擀成薄薄的面片（图2）。
3. 用卡通饼干模具在面片上印出卡通面片（图3）。

面片汤的做法

1. 菠菜洗净切成小段，虾米洗净备用，胡萝卜切成小方块（图4）。
2. 锅内倒入少许橄榄油（图5）。
3. 至油温八分热时，加入海米（图6），炒出香味。
4. 加入胡萝卜（图7），翻炒。
5. 加入1小勺生抽，加入水（图8），把水煮沸。
6. 把卡通面片放入沸水中，面片煮熟后，加入适量的盐（图9）。
7. 加入切好的菠菜，菠菜变色后，关火，滴入适量芝麻油即可（图10）。

小贴示

1. 因为每个品牌的面粉吸水量不同，所以牛奶的用量要根据和面时的实际情况酌情添加。

2. 可根据自己的口味酌情加盐。给孩子不要吃太多的盐。

3. 多余的面片可以放在冰箱中冷冻，或者晾干后，放在通风处保存，但要尽快食用。

这款美食，是集营养和趣味于一体的完美作品，不光让孩子和家人摄入均衡的营养，还是视觉的盛宴，更可贵的是，可以和孩子在吃饭前，进行一次亲子交流。我们和孩子一起看着用爱制作的美食，和孩子共同编织个美好的故事，给食物以生命和灵性，提高他的想象力和思维的活跃度，这是一次不容错过的美食体验。

ENJOY DELICIOUS FOOD

小狗乖乖

[制作食材] ❶

二米饭（用大米、小粒子做成），面条、牛肉、青椒、洋葱、胡萝卜、土豆、西红柿、色拉油、海鲜酱油、鸡精各适量，海苔2片，熟甘栗1个，葡萄干2粒

[制作方法] 🍴

1. 土豆洗净去皮，青椒、洋葱、胡萝卜洗净，把蔬菜切成均匀的小方块，备用（图1）。
2. 将牛肉剁成肉馅，备用。
3. 把所用的调料准备好，备用
4. 锅中倒入色拉油，油烧热后，把牛肉馅倒入锅中翻炒（图2）。

   * 炒牛肉的时候，当肉下锅时，可以点上一点儿醋，会让牛肉的口感软嫩，只要控制好量，就不会有酸味

5. 炒至牛肉馅变色后，倒入胡萝卜（图3），大火翻炒，然后倒入土豆（图4），继续翻炒。

6. 翻炒约2分钟,加入海鲜酱油(图5)。如果此时锅内干了,可以倒入凉水(图6),盖上锅盖等水沸腾。

7. 水沸腾后加入适量的鸡精(图7),炖5分钟左右,加入洋葱(图8),继续炖。

8. 在等待的过程中,将西红柿洗净,在1/3处切开(图9),用小勺挖掉西红柿的瓤,这样西红柿就变成漂亮的容器了(图10)。

9. 把面条煮上吧(图11),10分钟后,放入青椒(图12),开盖炖到汤汁浓稠就可以关火啦(图13)。美味的牛肉蔬菜就做好啦。

10. 取一些米饭(图14),捏成2个一样大小的饭团,然后用饭勺,取一团米饭捏圆,用勺子在中间按个印(图15)。

11. 用米饭捏出小狗的胳膊(图16),再给小狗安上腿(图17)。

12. 我们来给小狗做出表情吧,葡萄干做眼睛,甘栗做鼻子(图18),用剪刀把海苔剪出微笑的嘴巴,再把海苔剪出2个大圆形和5个小圆形,用来做出脚(图19),把我们刚刚煮好的菜放入小狗的身体位置(图20)。

13. 面煮好了(图21),将菜盛满西红柿容器,放在盘子中间,把面条沥水盛入西红柿菜盅周围即可。

每年的万圣节我都要刻一个南瓜灯，不是为了凑西方节日的热闹，而是喜欢看着欢快的橘色摆在家里时的温馨。每次我都是用刀直接在南瓜上雕刻，手指会被磨得很痛，好在平时做家务做得多，皮糙肉厚的，还扛得住。而当我看到南瓜灯中点燃的蜡烛在跃动着小小的火苗时，当我闻着南瓜因受热而散发出的特有的香味时，我觉得，生活可真有意思……

ENJOY DELICIOUS FOOD

番茄南瓜

[制作食材]

南瓜、西红柿、番茄酱、盐、色拉油各适量

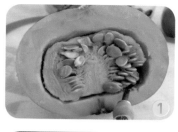

[制作方法] 🥄

1. 南瓜切开，用勺子把南瓜瓤挖掉（图1）。

2. 将南瓜切成约5毫米的片（图2）。

3. 西红柿洗净，切块（图3），备用。

4. 锅内倒入适量色拉油（图4）。

[制作方法] 🔸

5. 油温八分热时，加入西红柿翻炒（图5），
6. 西红柿稍软的时候，加入南瓜片（图6），翻炒均匀。
7. 翻炒3分钟时候，加入番茄酱（图7）。
8. 加入一杯水（图8），水量要没过南瓜片。
9. 加入1勺盐（图9），1勺鸡精（图10）。
10. 盖上锅盖煮（图11），当汤汁收干时（图12）即可出锅（图13）。

小贴示 💡

这款番茄南瓜，非常下饭，酸甜可口，颜色艳丽，是孩子特别喜欢的一道美食。而且南瓜富含类胡萝卜素，其可在机体内转化成维生素A，可维持孩子视力的正常发育，还能促进骨骼的发育。南瓜内含有果胶，果胶有很好的吸附性，能消除体内的细菌和其他有害物质，如重金属中的铅、汞和放射性元素，从而起到解毒的作用。南瓜还能保护胃黏膜，促进溃疡面愈合，因此适合胃病患者食用。

我喜欢玩烘焙，因为我觉得很像在做化学实验，盆盆碗碗一大堆，还要按照一定的顺序添加，貌似非常严格，最后变化成为另一种物质，呵呵，真是好玩！这款蛋糕就更加神奇了，只要搅拌搅拌，风风火火地折腾一阵子，竟然会有如此之大的变化，真是"不看不知道，世界真奇妙"呀！发明出此蛋糕的人，真是有着智慧的头脑啊，或许是同"提拉米苏"的故事一样，意外产生美妙的蛋糕吧！

ENJOY DELICIOUS FOOD

蜂巢蛋糕

[制作食材] ❶

鸡蛋 2 个，炼乳 160 克，色拉油 120 克，低筋面粉 100 克，蜂蜜 10 克，水 180 克，细砂糖 100 克，小苏打 5 克，黄油少许

[制作方法]

1. 水和细砂糖倒入锅里煮开,关火并搅拌成为糖水(图 1),冷却备用。

2. 大碗里打入鸡蛋,打散。加入炼乳(图 2)和蜂蜜(图 3),搅拌均匀。

3. 加入色拉油(图 4),搅拌均匀,呈稀糊状。

4. 低筋面粉和小苏打混合,并筛入稀糊里(图 5)。

5. 继续拌匀,成为面糊(图 6)。

6. 分 3 次倒入冷却后的糖水(图 7),每一次都要搅拌均匀再加下一次的糖水。

7. 搅拌好的面糊,用保鲜膜盖上(图 8),放在室温下静置 45 分钟(图 9)。

8. 模具内壁涂上一层黄油防粘,把静置好的面糊倒入模具中,七分满即可。

9. 把模具放入预热好 200℃的烤箱中,烤 25~30 分钟,直到充分膨胀并且蛋糕呈现出焦糖色即可出炉。

10. 稍冷却后将蛋糕从模具里倒出,横切开,就能看到里面的蜂巢结构了(图 10)。

小贴示

这款蛋糕,口感很嫩,有些韧性,其实用 Q 来形容,更加贴切。做好之后,放在冰箱里冷藏一下再吃,更加冰凉,Q 感十足!

我最喜欢做比萨了，会做的比萨的种类也很多。不仅是因为比萨的制作看似麻烦，实则简单，而且也因为比萨中可以放入很多有营养的蔬菜。孩子在吃比萨的过程中不知不觉地就摄取了大量的营养，看着孩子大口吃着营养丰富的食物，并且是我亲手制作的，那成就感，真是满满的。偷偷地说一句，做妈妈，做一个优秀的妈妈，比做一个优秀的主持人，更让我开心和满足！嘘——保密哟，不要让导演听到了！

ENJOY DELICIOUS FOOD

海鲜芝心比萨

[制作食材]

西红柿、洋葱、蒜、罗勒叶、比萨草、黑胡椒碎粒、盐、番茄酱、橄榄油各适量

北极虾、蟹足棒、玉米粒、青豆、青椒、马苏里拉奶酪各适量

（8寸盘量）面粉200克，牛奶90克，盐2克，黄油15克，干酵母1大勺，细砂糖1大勺

[制作方法]

比萨面饼的制作方法

1. 把细砂糖和盐与面粉混合均匀（图1）。

2. 牛奶加热至35℃左右（图2），与干酵母混合，并搅拌均匀。

3. 混合好的温牛奶与面粉混合，揉成光滑的面团（图3）。

4. 黄油室温软化，加入面团中，并揉搓均匀（图4）。

5. 覆盖上保鲜膜（图5），放置在温暖处发酵。

[制作方法] 🔅

比萨酱的制作方法

1. 西红柿洗净，切丁（图6）；洋葱洗净，切丁（图7）；蒜切成蒜末（图8）。
2. 在锅内倒入适量的橄榄油，至油温八分热后，加入洋葱丁（图9），翻炒出香味。
3. 加入蒜末（图10），翻炒一下。
4. 加入切好的西红柿丁（图11），翻炒。
5. 加入盐（图12）、番茄酱（图13），继续不停地翻炒。
6. 加入罗勒叶、比萨草、黑胡椒碎粒各1大勺（图14）。
7. 继续翻炒，直至汤汁收干，即可盛出（图15）。

[制作方法] 🔅

比萨的制作方法

1. 马苏里拉奶酪切成1毫米见方的长条（图16）。
2. 取一条黄油擦比萨盘（图17），在面饼和比萨盘中形成油脂保护层。
3. 发酵好的面团擀成圆圆的面饼，覆盖在比萨盘上，然后把切好的马苏里拉奶酪摆在面饼的边缘（图18）。
4. 用叉子在面饼上叉一些小孔。
5. 根据自己的喜好，把奶酪包裹起来。
6. 撒上一些马苏里拉奶酪条（图19）。
7. 把炒好的比萨酱，在比萨饼上涂均匀（图20）。
8. 撒上准备好的玉米粒和青豆（图21），摆好蟹足棒和剥好皮的北极虾（图22）。
9. 多撒上一些马苏里拉奶酪条（图23）。
10. 烤箱180℃预热10分钟，把比萨放入烤箱中层，上、下管180℃烘烤20分钟，即可（图24）。

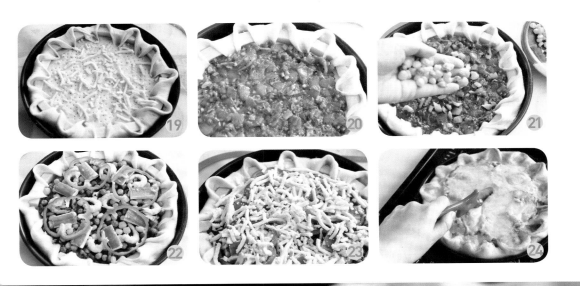

这款蒜香鲜味豆角，是女儿的大爱，她非常喜欢这样的味道。这道菜做起来非常容易，但是它的味道却是实实在在的，其实不是复杂的美食才会美味，只要我们能够把食材的味道发挥得淋漓尽致，能够让家人喜欢，这才是最重要的评判标准。家常的，才是经典的。

ENJOY DELICIOUS FOOD

蒜香鲜味豆角

[制作食材]

豆角、胡萝卜、蒜、海鲜酱油、冰糖、盐、色拉油各适量

[制作方法]

1. 豆角洗净，胡萝卜切块，蒜切块（图1）。

2. 锅内倒入适量的色拉油，油温八分热后，将豆角、胡萝卜、蒜全部倒入锅中翻炒（图2）。

3. 炒到豆角表面颜色变深（图3），加入2大勺海鲜酱油（图4）。

4. 翻炒3分钟后，加入清水（图5），清水量要没过豆角，调入1勺盐。

5. 水沸腾后，加入冰糖（图6）继续炖。

6. 炖到汤汁变少（图7），就可以关火出锅了。

豆角不仅可以炖着吃，而且炸着吃味道也超级棒。我的宝贝就非常喜欢吃。这款炸豆角可以像主食那样吃，记住面糊不要太咸，这样孩子吃起来咀嚼到豆角清香的味道，会更加开胃。

ENJOY DELICIOUS FOOD

炸豆角

[制作食材]

豆角、鸡蛋、面粉、鸡精、盐、色拉油各适量

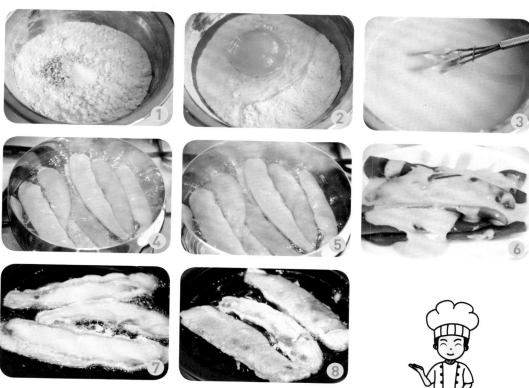

[制作方法] 🔥

1. 面糊的制作，在面粉中加入 1 勺鸡精、1 勺盐，混合均匀 (图 1)。

2. 在面粉中加入 1 个鸡蛋 (图 2)。

3. 在面粉中调入适量的水，充分地搅拌成面糊 (图 3)，备用。

4. 豆角在沸水中焯熟 (图 4)，但不能过熟，只要颜色变深、变软，
   八分熟即可出锅 (图 5)。

5. 在锅内倒入适量的色拉油，烧至八分热。

6. 将焯好的豆角再面糊中沾一下，要整个豆角都沾满面糊 (图 6)。

7. 将沾满面糊的豆角放进油锅中 (图 7)，炸到表面呈金黄色即
   可出锅 (图 8)。

小贴示 💡

豆角富含蛋白质及少量胡萝卜素、维生素 B 和维生素 C，是一种营养价值较高的蔬菜。豆角所含的糖类能起到类似粮食的作用，人们常将豆角作为主菜食用。豆角除了有健脾、和胃的作用外，最重要的是能够补肾。此外，多吃豆角还能治疗呕吐、打隔等不适。

在想吃巧克力的时候，我会首选黑巧克力，因为相比较而言，黑巧克力的营养成分含量多，还有比较好的功效，如降血压、保护心血管、提高人体的抗氧化功能等。什么样的巧克力属于黑巧克力呢？黑巧克力硬度较大，微苦，可可固形物含量在70%~99%之间。黑巧克力像葡萄酒一样，根据可可豆产地的不同和研制方法的不同，也有各自不同的味道，是需要品鉴的。

ENJOY DELICIOUS FOOD

核桃杏仁黑巧克力布朗尼

[制作食材] ⓘ

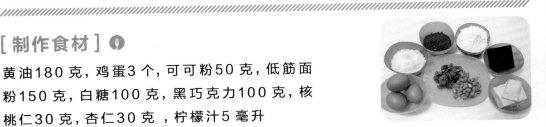

黄油180克，鸡蛋3个，可可粉50克，低筋面粉150克，白糖100克，黑巧克力100克，核桃仁30克，杏仁30克，柠檬汁5毫升

[制作方法] 🔊

1. 把模具用锡纸包好（图 1）。

2. 将核桃仁放在烤箱里（图 2），用 150℃烘烤 5 分钟，烤熟。

3. 黑巧克力放在容器中（图 3），再将容器放在热水中将黑巧克力熔化成液态。

4. 黄油室温软化，至用手指一按出坑的程度（图 4）。

5. 将鸡蛋打散，备用（图 5）。

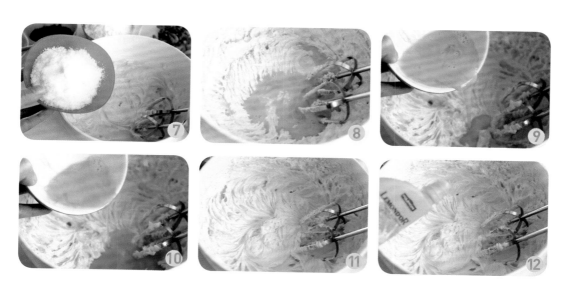

[制作方法] ℹ

6. 软化好的黄油，用电动打蛋器打发(图6)，然后加入白糖继续打发(图7)。

7. 蛋液分3次加入到黄油中(图8，图9，图10)，每次加入蛋液都要充分打发至蛋液与黄油
   完全融合，然后再加入下一次蛋液，打到黄油呈羽绒状即可(图11)。

8. 在打发好的黄油中加入5毫升的柠檬汁(图12)，打发均匀。

9. 筛入可可粉(图13)，筛入低筋面粉(图14)。

10. 把黄油与可可粉、低筋面粉用橡胶棒上下翻拌均匀(图15)。

[制作方法] ℹ

11. 将拌好的混合物装入模具中(图16)，撒上核桃仁和杏仁(图17)。

12. 以170℃预热烤箱10分钟。

13. 模具放入烤箱中层，上、下管170℃烤35分钟即可出炉(图18)。

14. 吃的时候建议用刀切成厚片。

这款酱汁不光可以用在牛排上，还可以拌面条吃、拌米饭吃，味道也超级棒。在吃牛排的同时也可以搭配蔬菜食用，营养更丰富。

ENJOY DELICIOUS FOOD

黑椒酱汁牛排

[制作食材]

牛肉、洋葱、土豆、番茄酱、黑胡椒碎粒、盐、老抽、白糖、葡萄酒、色拉油各适量

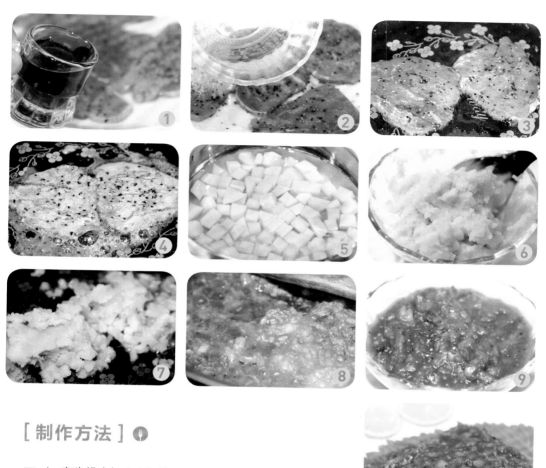

[制作方法]

牛排的制作方法

1. 在牛排中加1小勺盐、1勺黑胡椒碎粒、1小勺白糖、1勺葡萄酒（如果没有葡萄酒可以用料酒代替）（图1）、1勺色拉油（图2），腌渍15分钟。

   * 为了使牛排的口感软嫩,用肉锤或者是刀背轻拍肉质,正反面都要拍,把肉拍松,这样既松软又入味。

2. 在锅中放入少许色拉油,至油温八分热时,放入腌渍好的牛排（图3）,将两面煎熟（图4）,摆盘备用。

   * 利用腌渍牛排的时间进行其他步骤,可以节约时间。

酱汁的制作方法

1. 土豆去皮洗净切丁,放在热水中煮熟（图5）。

2. 捞出煮熟的土豆丁,压成土豆泥（图6）。

3. 在锅内放入少许色拉油,翻炒土豆泥（图7）,加少许水。

4. 在土豆泥中加1小勺盐、1小勺黑胡椒碎粒。

5. 加入2大勺番茄酱（图8）,翻炒收汁后盛出（图9）。

6. 在煎好的牛排上,淋上制作好的酱汁即可（图10）。

小贴示

牛肉含有丰富的蛋白质,其组成比猪肉更接近人体需要,能提高机体抗病能力,适宜生长发育及手术后、病后调养的人补充失血和修复组织。中医还认为牛肉具有食疗的作用,是寒冬的补益佳品。

红豆沙香甜美味,孩子们都喜欢,可以自己制作,也可以购买袋装的成品。红豆含有较多的膳食纤维,有良好的润肠通便的作用。用它来做馅料,非常棒。这道面食的参与性也是挺高的,各位家长在制作的时候,可以让孩子参与进来,动手动脑,发挥想象,玩面团,动手指,做出自己别样的作品吧。

ENJOY DELICIOUS FOOD

红豆沙刺猬包

[制作食材] ●

面粉、干酵母、牛奶、红豆沙各适量,红枣、芝麻各少许

[制作方法]

1. 面粉适量，放入 1 勺干酵母，用牛奶代替水来将面和成面团（图 1）。

   * 因为不同品牌的面粉吸水程度有区别，大家需要根据面团的软硬度调整牛奶的用量、干酵母的用量，可以按照干酵母的说明来调配。

2. 面团放在湿润、温暖的地方进行发酵，发酵至原面团大小的 2 倍。

3. 分成同等大小的小面团，将小面团擀成圆形的面皮（图 2）。

4. 在中间放上红豆沙（图 3），收口成团后，用剪刀剪出小白兔的耳朵和小刺猬身上的刺（图 4）。

5. 用红枣和芝麻来点缀（图 5，图 6），使其生动可爱。

6. 上蒸锅，水开后蒸 10 分钟，即可（图 7）。

   * 具体时间要根据面团的大小决定，大一点儿的可蒸 15 分钟。

猪蹄是我非常钟情的一款肉食，因为呀，它能够为我的皮肤补充胶原蛋白，会让我的皮肤有光泽有弹性，而且是不会让身材变胖的肉肉，哈哈，我最拿手的做法是红烧猪蹄。我通常做红烧猪蹄有两种方法，今天呢，我就介绍其中一种制作方法。真的非常非常简单，但是那颜色、那味道可是一点儿不打折的红烧猪蹄呀。哈哈哈，每次提到红烧猪蹄，我都兴奋哦！

红烧猪蹄

[制作食材] ❶

猪蹄 3 个，桂皮1 大块，八角 2 颗，蒜 3 瓣，料酒、老抽、生姜粉、冰糖、盐、鸡精各适量

[制作方法]

1. 猪蹄洗净后,用利刀在猪蹄的表面划出十字花(图1)。

2. 把猪蹄放入沸水中氽一下(图2),让猪蹄更加干净,然后把浮沫撇掉。

3. 把猪蹄放入压力锅中摆放好(图3)。

4. 放入调料:1勺生姜粉、2勺盐、1勺鸡精、3大勺老抽、适量的冰糖,然后加入清水,清水要没过猪蹄。此时看一下汤汁的颜色,如果汤汁的颜色红润,就可以把压力锅盖好,大火加热了。

5. 当压力锅冒气的时候,开始计时15分钟(根据自家压力锅的情况而定时间),时间到即可出锅(图4)。

小贴示

对了对了,还有个关键的没说呢,那就是如何挑选猪蹄。其实猪蹄都是一样的,但是呢,有前蹄后蹄之分。这个问题呢,我可是有经验的,呵呵,我们在选猪蹄的时候呢,很多人都喜欢要前蹄。我在想,是不是因为前蹄好比手,后蹄好比脚丫呢?呵呵,其实呢,味道是没有什么区别的。我曾经仔细品尝过,我是没有吃出什么区别来。既然都说到这里了,那么我们来看看到底前蹄长得什么样,后蹄长得什么样吧。前蹄长得比后蹄小一点儿,以猪蹄的断面的骨头来看,前蹄的骨头是平的,而后蹄的骨头中间有凹处。这样就能区分出前后猪蹄啦。

六一儿童节快要到来了，这一天孩子的学校要组织活动。老师要求每个学生都要自备午餐，所以家长们回到家里也做起功课来，想着做怎样的美味给孩子们吃。我想，出去玩，孩子肯定会非常开心，玩疯了也在所难免，那就应该做一款能补充体力、含有丰富钙质的美食。

水煮鸡蛋？孩子肯定不爱吃。红烧鲤鱼？野餐吃太不方便，还要注意鱼刺。做什么好呢？对了，那就做饭团吧，真是个好主意！可是还得把补钙这个关键词带上，那就做带有小银鱼的饭团吧。

ENJOY DELICIOUS FOOD
胡萝卜小鱼干饭团

[制作食材] ❶

米饭、小银鱼干(或者虾米)、胡萝卜、海苔、
盐、芝麻油、色拉油各适量

[制作方法]

1. 胡萝卜切细后，然后切成 1 厘米长的小段（图 1）。

2. 锅内倒入少许色拉油，油温八分热，把干净的小银鱼干倒入锅内（图 2），翻炒出香味，直至小银鱼干变得香脆（图 3）。

3. 加入切好的胡萝卜丝（图 4），继续翻炒，根据口味调入盐（图 5）。

4. 把炒好的小银鱼干、胡萝卜倒入米饭中（图 6）。

5. 加入几滴芝麻油（图 7），然后把米饭与其拌匀（图 8）。

6. 取 1 大勺量拌好的米饭，用手捏成椭圆形的饭团（图 9）。

7. 用海苔将饭团包裹起来（图 10），即可食用（图 11）。

小贴示

小银鱼，又称白饭鱼、面条鱼等，它的营养丰富，其中含有大量钙质，能益肺止咳、利水补虚。

每天的早晨，一定是每个家庭中最忙碌的时间。如何变着花样地给孩子做早餐，是所有家长一直在考虑的问题。煎饼果子其实就是不错的早餐选择，当然，我说的可不是大街上买来的，自己动手做给孩子吃，才是最营养健康的。做好后，一家人一起吃着美味的煎饼果子，好暖心、好幸福！

ENJOY DELICIOUS FOOD

煎饼果子

[制作食材]

面粉、紫甘蓝、胡萝卜、香菜、小葱 、甜面酱（给宝宝吃的）、蒜蓉辣酱（给大人吃的）、火腿肠、安心油条、鸡蛋、色拉油各适量

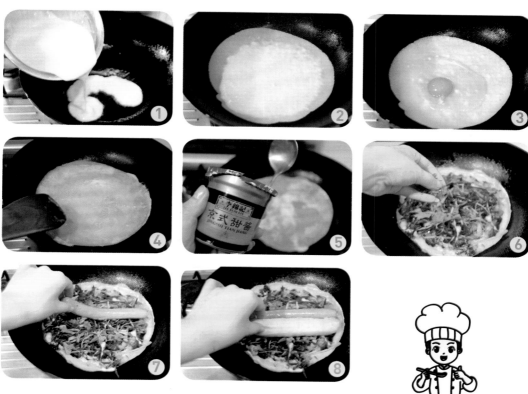

[制作方法]

1. 把蔬菜都洗干净，然后把紫甘蓝、胡萝卜、香菜、小葱分别切丝（图1），备用。
2. 面粉和水搅拌成面糊，呈半流动状态。
3. 安心油条用油煎成金黄色。
4. 锅里烧热，刷少许色拉油，锅热的时候，把面糊倒入（图2），端起锅转一圈，面糊就变成圆形了（图3）。
5. 面糊成型，放入鸡蛋（图4），用铲子帮助打散，让面饼都沾满鸡蛋液（图5）。
6. 选择自己喜欢的酱（图6），涂满鸡蛋面饼。
7. 撒上准备好的各种蔬菜（图7）。
8. 加入火腿肠（图8）和油条。
9. 出锅，卷好，就可以食用了。

小贴示

如果家里没有安心油条，可以用面包切成粗条代替。早餐时配上一杯牛奶和一个西红柿，或一些水果，就太完美了。

因为面粉的吸水量有所不同，在和面的时候，要根据实际情况来增减水的用量。一般来说，面粉与水的比例是 2：1，举个例子：水 250 克＋面粉 500 克＋2 克的即溶酵母，这样的配比是合适的。这样大家就清楚了吧，那么还等什么，快和我一起动手做这款美味吧！

ENJOY DELICIOUS FOOD

金丝卷

///

[制作食材] ●

面粉、即溶酵母、玉米糁、白糖各适量

[制作方法] 🍴

1. 将 2 克的即溶酵母和水混合，然后与面粉混合在一起。

2. 用手或者橡胶刮刀将所有的材料搅拌均匀，直至水分消失。

3. 用手将面粉揉成面团。

4. 将面团放在面案上，继续揉面团，揉到光滑状态（图 1）。

5. 将玉米糁洗净，沥水。

6. 揉好的面团，用擀面杖擀成厚度大约 5 毫米的面片（图 2）。

7. 将洗净的玉米糁（图 3）和白糖（图 4）均匀地平铺在面片上。

8. 由面片的一端紧紧地卷起来（图 5）。

9. 将面卷切成大小均匀的段（图 6）。

10. 在面胚下面铺层油纸防粘（图 7）。

11. 放置发酵变大（图 8），大约 15 分钟（根据室内温度，调节发酵时间）。

12. 发酵好的面胚，放在开水的蒸锅中，蒸 15 分钟即可（图 9）。

> **小贴示** 💡
>
> 现代人吃饭过于精细化了，应当适当地吃些粗粮。粗粮有什么好处呢？粗粮中含有丰富的淀粉、纤维素、无机盐，以及B族维生素。长久食用可以防治心脑血管疾病、糖尿病、抑郁症，还可以养脾胃、改良肠道环境。

记得小时候，妈妈经常拿着面粉和好多鸡蛋，还有白糖，去邻居一个做蛋糕的阿姨家做蛋糕给我吃。当时觉得香甜的蛋糕是这个世界上最美味的东西。我渴望每一餐都有蛋糕吃，那时候童年的幸福莫过于此。每当妈妈用盆装回丰收一样的蛋糕，我和哥哥都兴奋得活蹦乱跳，就连睡觉时候都惦记着，生怕被别人都吃光了。而且第二天上幼儿园时还会津津有味地炫耀。

如今，我会给我的女儿亲手制作蛋糕。每一种食材都精心准备，每一样器皿都仔细清洗我会不厌其烦地每天擦拭厨房的每一个角落，生怕被油烟污染；逛街的时候，看到漂亮的厨具和器皿，我都忍不住把它们买回家，那时候，心里充盈着满足和喜悦。

ENJOY DELICIOUS FOOD

法式海绵蛋糕

[制作食材] ●

低筋面粉 100 克，细砂糖 70 克，黄油或者色拉油
25 克，鸡蛋 3 个

[制作方法] 🍴

1. 鸡蛋和细砂糖混合后(图1),放置在热水盆中打发(图2)。

2. 打发到蛋糊的纹路不会马上消失,打发时间需要15分钟左右(图3)。

3. 打发好的全蛋糊中,加入软化的黄油或者色拉油(图4),用橡皮刮刀上下翻拌均匀。

4. 分4次筛入低筋面粉(图5),每次都要翻拌均匀。

5. 倒入7寸活方模具(或者6寸圆形模具)中(图6),磕几下,让大气泡释放出来。

6. 预热好的烤箱以180℃烘烤20分钟,取出后脱模即可(图7,图8)。

小贴示 💡

此款蛋糕不要烤得过久,查看时可以用牙签刺一下,看看上面是否会沾有蛋糕屑,不沾的情况下,就表示已经熟了。控制好时间,可以让蛋糕更软绵,水分流失得更少。这款蛋糕貌似简单,但是需要更多的耐心来制作,因为这款蛋糕是全蛋打发的。当你含住一口海绵蛋糕,慢慢地体会它好似海绵般柔软的时候,才会觉得多花那一点点的时间又算得了什么呢!因为它会带你走进童年的回忆,带你走进一个奇妙的世界。

我和家里的孩子都喜欢吃苏打饼干，因为特别脆，在孩子小的时候，可以让她练习咀嚼，大了她就爱上了这清香酥脆的感觉。而我在高中时就喜欢某品牌的苏打饼干，当了妈妈后，学会了看食品成分，真是吓到了自己，于是学会了自己制作，学会了给自己和家人诚意满满的健康呵护！

ENJOY DELICIOUS FOOD

卡通苏打小饼干

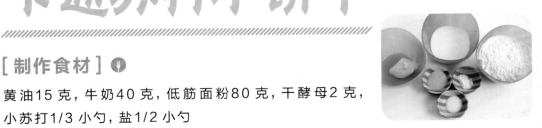

[制作食材] ❶

黄油15克，牛奶40克，低筋面粉80克，干酵母2克，小苏打1/3小勺，盐1/2小勺

[制作方法] 🥄

1. 牛奶热到微热，即加热至 30~40℃。

2. 将干酵母与牛奶混合（图1），并搅拌至完全溶化（图2）。

3. 小苏打与低筋面粉混合（图3）。

4. 盐和低筋面粉混合（图4）。

5. 将混合好酵母的牛奶缓缓倒入低筋面粉中（图5），并搅拌成面团。

6. 将粗糙的面疙瘩揉成光滑的面团（图6）。

7. 在面团中加入室温软化好的黄油（图7），继续揉面团，使其成为光滑的面团（图8）。

   * 面团与黄油混合的时候，要有耐心。刚开始揉的时候，会感觉很油，但是多揉一会儿，面团就会与黄油融为一体。

8. 用擀面杖将面团擀成约3毫米厚的面片（图9）。

9. 用可爱的卡通饼干模具用力按下，刻出卡通饼干坯（图10）。

10. 以150℃预热烤箱，将烤盘放入烤箱中层，以150℃烤15分钟即可。

小贴示 💡

1. 将饼干的边角余料，再次揉成面团擀成面片，然后刻出饼干形状。这样不就会造成浪费了。

2. 摆放饼干的时候，要留空隙。

3. 由于自家的烤箱温度多少有差异，所以在烘焙饼干的时候，最后5分钟要经常观察，饼干颜色稍呈金黄色即可出炉。如果颜色还没有达到成熟度的话，可以适当延长烘焙时间。

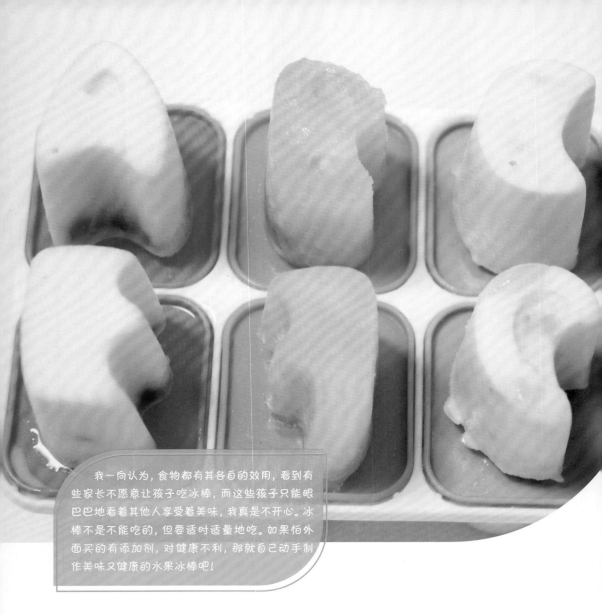

我一向认为，食物都有其各自的效用，看到有些家长不愿意让孩子吃冰棒，而这些孩子只能眼巴巴地看着其他人享受着美味，我真是不开心。冰棒不是不能吃的，但要适时适量地吃。如果怕外面买的有添加剂，对健康不利，那就自己动手制作美味又健康的水果冰棒吧！

ENJOY DELICIOUS FOOD

水果冰棒

[制作食材]

梨、桃子、草莓、荔枝、牛奶、蜂蜜、矿泉水各适量

[制作方法] 🍴

1. 草莓切成丁（图1），荔枝写成丁（图2），桃子切成丁（图3），梨切成丁（图4）。

2. 将水果丁分别放在小容器中（图5）。

3. 准备4个小杯子，在里面加入适量的蜂蜜（图6）。

4. 在其中2只杯子里加入矿泉水（图7）。

[制作方法] 🄵

5. 另外 2 只蜂蜜杯子里加上牛奶（图 8），并搅拌均匀。

6. 把准备好的水果丁，分别加入到蜂蜜奶（图 9），或者蜂蜜水中（图 10）。

7. 将搅拌均匀的液体倒入冰棒模具中（图 11，图 12，图 13）。

8. 盖好模具的盖子（图 14），并放置在冰箱的冷冻层中，冻实后即可食用（图 15）。

今天食材中有青豆，这是我在青豆收获季节时，买了一些自己煮熟，然后分成小包装袋冷冻储存的，这样吃起来既方便又安全。虾米要用温水多洗几次，彻底洗净虾米中的杂质，然后沥干水。萝卜丝也要用手握干，去除多余水分。在炒虾米的过程中，要把虾米炒得干一些，能闻到香味时，为最佳状态。炒萝卜丝时，要把水分炒干，不能有多余的汤汁。

ENJOY DELICIOUS FOOD

萝卜丝饼

[制作食材] ❶

白萝卜、青豆、虾米、面粉、热牛奶、色拉油、盐、鸡精各适量

[制作方法] 🍴

1. 虾米用清水洗净沥干，萝卜切成细丝，放入 1 小勺盐，用手拌均匀（图 1）。

2. 用手攥出虾米和萝卜多余的水分（图 2），备用。

3. 锅内倒入适量的色拉油（图 3），将洗净的虾米放入锅中翻炒（图 4），炒至微黄，有虾米的鲜香味飘出（图 5）。

4. 把攥出水分的萝卜丝加入到炒锅中（图 6），翻炒。

5. 调入 1 小勺鸡精（图 7），翻炒均匀。

[制作方法]

6. 加入青豆（图 8），继续翻炒。

7. 炒熟后即可出锅（图 9）。

8. 将牛奶缓缓倒入面粉中（图 10），不停地搅拌成团。

9. 加入 1 勺量的色拉油（图 11），继续揉面团。

10. 用保鲜膜覆盖住面团（图 12），发酵 10 分钟。

[制作方法]

11. 将大面团分成大小一样的小面团，擀成圆形的薄厚均匀的面片（图 13）。

12. 包入炒制好的萝卜丝虾米（图 14）。

13. 将面皮收口捏紧（图 15），放在案板上，轻轻压成饼（图 16）。

14. 在锅内刷一层色拉油（图 17），至油温八分热，放入压好的饼胚（图 18）。

15. 以最小火烙到饼的两面呈金黄色（图 19），即可出锅。

小贴示

和面的时候,我用热牛奶替换了热水,这样吃起来更营养,面团要稍软一些,揉好的面团,盖上保鲜膜静置 10 分钟,要充分放松面团。

一款平凡简单的炒饭，只要巧妙地花一些心思，就能够让之炫耀夺目。想想，每个紧张的早晨，爱人和孩子都欢呼雀跃地爱上早餐时光，然后心满意足、精神抖擞地去上班上学，那样的画面，平淡而温馨。对了，没准儿在上班闲暇时或者下课10分钟，他们津津乐道说的就是今日我家早餐的可爱模样和幸福滋味。这就是幸福！这就是一个女人对家庭付出所得到最高分数。今天我就来教大家做一款简单中透出不平凡的春意盎然什锦饭。

ENJOY DELICIOUS FOOD

春意盎然什锦饭

[制作食材] ●

鸡蛋2个、白米饭、青豆、洋葱、胡萝卜、西红柿、色拉油、生抽、盐、鸡精、黑胡椒碎粒各适量

[制作方法] ⓘ

1. 把洋葱和胡萝卜分别切成大小一致的丁（图 1）。

2. 在西红柿的一端的 1/3 处切开（图 2），然后用一只勺子把大的那半西红柿的瓤挖出，使之成为一个西红柿容器（图 3），放置一旁，备用。

3. 把鸡蛋放入碗中，加入 1/3 勺的盐（图 4），然后把鸡蛋打散。

4. 在锅内倒入少许色拉油（图 5），当油温七分热的时候，倒入打散的鸡蛋（图 6），炒碎盛到碗中备用（图 7）。

   * 在这里我要教大家一个把鸡蛋炒散的小窍门，就是用筷子在锅内快速搅拌，这样鸡蛋就会变成一小块一小块的了。

5. 在锅内倒上少许色拉油，油温八分热的时候，加入胡萝卜丁（图 8），翻炒至其颜色变得更红一些。

[制作方法] 🍴

6. 胡萝卜炒变色后，加入洋葱丁（图9），继续翻炒至洋葱的香味飘散出来。

7. 加入半勺盐（图10）、半勺鸡精（图11）、1大勺生抽（图12）、适量的黑胡椒碎粒（黑胡椒碎粒可根据自己的口味加减）（图13）。

8. 翻炒均匀后，把青豆倒入进来（图14），翻炒几下。

9. 倒入米饭（图15），迅速翻炒均匀，米饭结饭团的地方，用铲子压散，炒均匀。

10. 把炒好的鸡蛋加入进去（图16），翻炒均匀就可以关火啦。

11. 这时候呢，我们之前做好的西红柿盅就要用上了，把炒好的什锦米饭装入到西红柿盅中，最后可以进行简单的装饰，挑几颗米饭中的青豆撒在盘子上。这样，一款简单又可爱的春意盎然什锦饭就做好啦。我相信，看到它的人、品尝到它的人都会喜欢的（图17）。

小贴示 💡

西红柿也叫番茄，是从外国引进的蔬菜。它最早生长于南美洲的秘鲁和墨西哥，当地人把它当作有毒的果子，叫它"狼桃"。到了十七世纪，有一位法国画家实在抵挡不住它的诱惑，冒着生命危险吃了一个，觉得酸甜可口，而且没有生命危险，于是"番茄无毒可以吃"的消息迅速传遍了全世界。

西红柿既可以煮熟了吃，也可以生吃。吃生的能补充维生素C，吃煮熟的能补充抗氧化剂，即番茄红素。番茄红素作为一种抗氧化剂，其对有害游离基的抑制作用是维生素E的10倍左右。此前有研究发现，番茄红素可降低患癌症和心脏病的风险。番茄含有丰富的营养，番茄内的苹果酸和柠檬酸等有机酸，还有增加胃液酸度、帮助消化、调整胃肠功能的作用。番茄中含有果酸，能降低胆固醇的含量，对高脂血症很有益处。

酸奶能促进消化液的分泌,增加胃酸,因而能增强人的消化能力,促进食欲。酸奶中的乳酸不但能使肠道里的弱酸性物质转变成弱碱性,而且还能产生抗菌物质,对人体具有保健作用。但是空腹不宜喝酸奶,而且酸奶不能加热。在宝贝消化能力变差,或者有轻微的腹泻时,我会给她做个芒果奶昔,进行调节。

ENJOY DELICIOUS FOOD

芒果奶昔

[制作食材] ●

酸奶、芒果各适量

[制作方法]

1. 芒果切块(图1),放入料理机中,加入酸奶(图2)。
2. 启动料理机(图3),操作2分钟。
3. 将做好的芒果奶昔倒入杯子里即可(图4)。

小贴示

芒果具有清肠胃的功效,对于晕车、晕船有一定的止吐作用。它含有大量的维生素A,有着明目、防癌、抗癌的作用。芒果还能够滋润肌肤,防治便秘。芒果中所含的芒果苷有祛痰止咳的功效,对咳嗽痰多气喘等症有辅助治疗作用。

玫瑰花是我特别喜欢的花, 偶尔突发奇想, 我能不能将玫瑰花做成美味呢, 看着, 品着, 惬意着。于是, 我自己研制了这款玫瑰点心, 成功后, 我经常用它作为礼物送给别人。所谓"赠人玫瑰, 手留余香", 只不过, 我这是美味点心的香气。

ENJOY DELICIOUS FOOD

玫瑰点心

[制作食材]

蛋黄液40克, 奶粉15克, 水50克, 黄油30克, 细砂糖30克, 面粉160克, 干酵母2克, 盐1克

[制作方法]

1. 将除去蛋黄液以外的所以食材都混合在一起（图1），放在面包机中揉成面团，并且发酵。（如果家里没有面包机的，也可以手工揉成面团。）
2. 揉好的面团，搓成长条形状，并切成小块（图2）。
3. 用擀面杖将小面块擀成面片（图3）。
4. 依次压1/3的边，将5个面片排列好（图4）。
5. 由最上面的一层面片开始卷起（图5）。
6. 用刀将卷好的面片从中间切开（图6），这样就成了玫瑰花朵。
7. 将做好的玫瑰花朵摆在锡纸模具中（图7）。
8. 将模具放在烤盘中（图8），摆放好。
9. 用蛋黄液在玫瑰花朵面胚上，刷上一层（图9）。
10. 烤箱以150℃预热10分钟。
11. 将面胚放入烤箱中，以150℃烘焙15分钟，至表面呈金黄色即可。

小贴示

如果开始觉得玫瑰花朵比较难做，可以多看几遍图片，也可以观察一下鲜花，或者到网上找找图片。另外，还可以学习一下手工纸玫瑰的制作方法，看看有没有可参考性。

糯米鸡汤是一道非常著名的汤品。它的口感是清爽鲜美的，并不会让人觉得油腻，且营养价值极高。它做法简单、滋味香浓，因而广受人们的喜爱。人们大多喜欢去饭店点这道美食，觉得味道会比较正宗，其实以这道汤的简易程度来说，在家里是完全可以操作的。

ENJOY DELICIOUS FOOD

糯米鸡汤

[制作食材]

鸡、糯米、红枣、蒜、黄芪、枸杞 、生姜、盐、
鸡蛋黄、鸡蛋清、色拉油各适量

[制作方法] 🔵

1. 将糯米洗净, 清水泡 2 小时以上 (图 1)。

2. 将整只鸡洗净, 减去鸡尾巴位置 (图 2)。

3. 将泡好的糯米和红枣灌进鸡膛中 (图 3), 塞紧, 用牙签封口 (图 4)。

4. 将鸡放在高压锅中, 将枸杞、余下的红枣、生姜、黄芪都放入锅内。

5. 锅中加清水, 水要没过整只鸡 (图 5)。

6. 锅中加入 2 勺盐 (图 6), 搅拌均匀。

7. 盖好高压锅的盖, 中火上汽计时 10 分钟。

8. 将鸡蛋黄打散 (图 7), 然后在平底锅内刷层油。

9. 将蛋黄液煎成蛋黄饼 (图 8), 出锅切成细丝 (图 9)。

10. 将鸡蛋清打散, 然后在平底锅内刷层油。

11. 将蛋清液煎成蛋清饼, 出锅切成细丝。

12. 高压锅蒸汽放干净后, 方可打开高压锅盖, 然后要开盖煮 10 分钟, 这样汤汁才更美味。

13. 撒上蛋丝后, 即可享用。

小贴示 💡

糯米鸡汤从其成分来看, 对人体大有益处。黄芪、枸杞都是补血补气的良药; 红枣也有很高的药用价值, 可健脾养胃、养血安神、养颜美容; 而蒜可安定精神、缓解工作压力所造成的紧张, 可使皮肤气血循环好, 而使肌肤红润。这款汤具有良好的补血、补气、养颜、安神、补充体力之功效。

　　银耳是特别好的食材，多吃可以滋阴润肺、提高人体免疫力，功效可以媲美燕窝，不吃小燕子的家，而吃银耳，既经济实惠，又保护小动物。但是怎样才能买到质优的银耳呢？有几个小方法供大家参考。一看：朵大且圆的，颜色淡黄。二摸：晒得干而脆，重量轻。三闻：有淡淡的菌香味。四尝：嚼时有股淡淡的甜味。

ENJOY DELICIOUS FOOD

南瓜枸杞粥

[制作食材] ❶

南瓜、银耳、枸杞、糯米、冰糖各适量

[制作方法]

1. 南瓜洗净，切 1 厘米大小的方块（图 1）。

2. 银耳用清水泡发（图 2）。

3. 银耳去根，撕成小朵（图 3）。

4. 把洗干净的糯米、南瓜块、枸杞、冰糖放置在粥锅中（图 4）。

5. 倒入的清水要没过所有食材（图 5），并且高出 3 厘米的水位。

6. 用大火煮粥，水沸腾后转至小火慢熬。

7. 煮到粥汤黏稠，糯米粒开花软烂即可（图 6）。

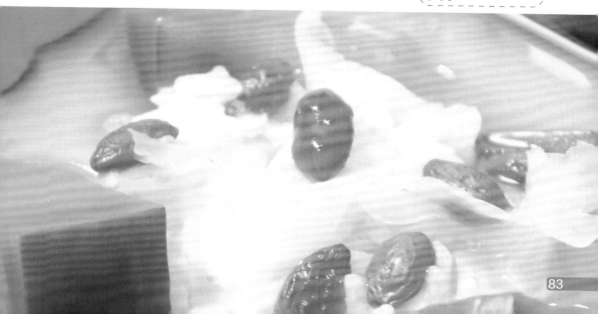

薯类是含有丰富营养的, 比如红薯富含蛋白质、淀粉纤维素、维生素及多种矿物质, 有抗癌、保护心脏、预防糖尿病、减肥等功效; 紫薯富含硒元素、铁元素和花青素, 可抗氧化 抗衰老, 而且薯类的制作方法也很简单, 只要蒸熟或煮熟就可以食用了。

ENJOY DELICIOUS FOOD

紫薯蛋糕

[制作食材]

白糖 50 克, 低筋面粉 100 克, 鸡蛋 1 个, 黄油 35 克, 牛奶 20 克, 泡打粉 1 小勺, 小苏打粉 1/5 小勺 , 紫薯适量

[制作方法] 🥄

1. 紫薯洗净,在蒸锅里蒸 20 分钟,熟透即可。

2. 将紫薯切成 1 厘米见方的丁 (图 1),装碗备用 (图 2)。

3. 黄油室温软化后,切成丁状,与白糖混合 (图 3)。

4. 用电动打蛋器打发黄油和白糖,使之完全融合。当黄油呈现羽绒状 (图 4),体积稍稍膨大变白即可。

5. 鸡蛋打散 (图 5),分 3 次加入打发的黄油中 (图 6, 图 7, 图 8)。

6. 一定要在上一次的蛋液与黄油完全融合的情况下,再加入下一次蛋液。混合均匀即可 (图 9)。

7. 加入 20 克的牛奶 (图 10),搅拌至完全融合,放置一旁备用。

8. 将小苏打粉加入低筋面粉中（图11），再加入泡打粉（图12），搅拌均匀。

9. 将其筛入到黄油糊中（图13），用橡胶刮棒翻拌均匀（图14）。

   * 面粉和黄油糊不要过度搅拌，以免造成口感不够松软的后果。

10. 把翻拌好的面糊装到裱花袋里（图15，图16）。

   * 将裱花袋套在一个杯子上就可以形成一个容器，这样再装面糊，更方便，更轻松。

11. 在裱花袋底部，用剪刀剪开一个1厘米长的口（图17），然后将面糊挤在模具中。

12. 挤入1/3的时候，加入紫薯丁，然后继续挤面糊（图18）。

13. 放入紫薯丁（图19），然后将模具装至八分满即可（图20）。

14. 以180℃预热烤箱10分钟。

15. 将模具放入烤箱中层，上、下管烘烤25分钟，至表面呈金黄色，自然裂开即可（图21）。

豆芽中的营养物质不仅比大豆多，由于其纤维柔软，而且有助于消化吸收，是孩子和老人的理想食物。牛骨中含有丰富的钙质，能够强健骨骼。裙带菜中含有多种维生素，粗蛋白质含量高于海带，味道也超过海带。把它们放在一起煲汤，真是营养丰富啊！

ENJOY DELICIOUS FOOD

牛骨豆芽裙带汤

[制作食材]

黄豆芽、裙带菜、牛骨、切片胡萝卜、蒜、姜、葱、料酒、鸡精、盐各适量

[制作方法] 🍴

1. 将胡萝卜切花（图1）。

   * 想切出漂亮的胡萝卜花有一个小窍门，先将胡萝卜切成段，然后四面切掉一小条，这样立体的小花模样就出来了，再切片，这样就容易多了。

2. 牛骨洗净，放入汤锅中，放1厚片姜、2瓣蒜、1段葱白（图2）。

3. 加入清水（图3），水量要多一些。

4. 加入1勺量的料酒（图4），搅拌均匀。

5. 把牛骨汤慢炖至颜色发白，加入胡萝卜（图5）、自制黄豆芽（图6）。

6. 等黄豆芽煮熟的时候，加入1小勺鸡精（图7）、1勺盐（根据口味酌情添加）（图8）。

7. 把牛骨汤转到明火上大火煮，这时候加入裙带菜（图9）。

8. 大火煮开锅后，即可出锅。

小贴示 💡

自制豆芽的方法：

1. 黄豆洗净，放在小碗中泡5~12小时。

2. 泡好的黄豆芽沥干水，放在干净无油的容器中。

3. 把黄豆放平整，在黄豆上覆盖上湿布，然后用稍重的物品压在湿布上。

4. 每天要用清水冲洗黄豆和湿布，至少2次。

5. 冲洗完毕把黄豆铺平，再次用湿布覆盖，压好放置在阴凉处。

6. 多观察黄豆芽的发芽情况，如果室温较高，就放置在冰箱冷藏室里生芽。

每次做这道美食，都带着童趣的心理去做。因为我喜欢这款看起来乖巧可爱，精致美味的小丸子。裹着晶莹剔透的小米粒，咬上一口满是惊喜。这与以往的肉丸的吃法有感官上的区别，通常的丸子都以炸为主，吃起来会有油腻感，而这款珍珠丸子，是用蒸的方法料理，减掉油的使用量，健康自然也加分。配上外面裹的糯米，吃起来不仅不腻了，还有糯米的香香糯糯的口感。

糯米蒸肉丸

[制作食材]

猪肉馅、胡萝卜、糯米、淀粉、香菇、姜、葱、料酒、生抽、鸡精、盐、色拉油各适量

[制作方法] 🕐

1. 糯米浸泡 2 小时，适量葱和姜切末。

2. 把处理好的胡萝卜、香菇、葱、姜放入肉馅中。

3. 加入半小勺的鸡精和 1 小勺的盐（图 1）。

4. 加入 1 大勺的生抽（图 2）和半勺的料酒（图 3），然后顺时针搅拌均匀。

5. 此时肉馅会很干，要适当地加一些清水（图 4），这样能够让肉质软嫩。

6. 调入 2 大勺量的淀粉（图 5），继续顺时针搅拌。淀粉也能起到让肉质软嫩的作用，而且会让肉馅容易塑形。

7. 将泡好的糯米用漏网沥干水分（图 6），放到另外的容器中。

8. 取一只小盘子倒入适量色拉油，取一只小勺子，把勺子沾满色拉油（图 7）。

9. 用沾满色拉油的勺子，取 1 小勺的肉馅。

10. 让肉馅在糯米中打个滚（图 8），团成球形。

11. 把裹满糯米的肉圆放在粽子叶上摆好（或者是蒸笼里，如果两样都没有，就放在盘子里）（图 9）。

12. 放入蒸锅，冒热气开始计时 15 分钟即可。

我喜欢在早餐时给孩子亲手做一些饮品，因为有时候清晨过于忙碌，而明知经过一夜的睡眠应该补充一些水分，也会忘记主动地喝水。于是，每日的早餐桌上，一定会有一碗久炖的汤，或一杯营养的奶，或一杯新榨的果汁，或一杯添加了妈妈许多心思的奶昔……

ENJOY DELICIOUS FOOD

紫薯奶昔

[制作食材]

紫薯、牛奶、冰糖各适量

[制作方法]

1. 紫薯洗净，放在蒸锅内蒸熟（图1）。
2. 将蒸熟的紫薯去皮（图2），切成丁状（图3）。
3. 紫薯和冰糖放在料理机的料理杯中（图4）。
4. 将牛奶倒入料理杯中（图5）。
5. 启动料理机（图6），操作2分钟。
6. 将制作好的紫薯奶昔倒入杯中即可（图7）。

小贴示

紫薯中含有丰富的蛋白质、多种维生素，以及磷、铁等矿物质元素。其中铁和硒的含量最为丰富。紫薯可以增强机体免疫力、消除身体自由基，还有保肝的作用。在制作这款奶昔的时候，不要一次加入太多的紫薯，可以分次加入，观察并调节奶昔的颜色。如果紫薯一次放多了，颜色会变得很深，就不漂亮了。

很多人不愿意在家里做这道菜，原因：一是浪费油，二是怕麻烦，三是做不好。还有很多人认为这道菜比较适合在餐馆吃。今天我就教你做这道感觉很"隆重"的菜，这可是孩子们的最爱啊。孩子们喜欢嚼在嘴里肉质软嫩嫩，外面还有些酥脆脆的感觉，而且味道非常鲜美。

ENJOY DELICIOUS FOOD

软炸虾仁

///

[制作食材] 🍴

虾仁、料酒、淀粉、面粉、鸡蛋、盐、
色拉油各适量

[制作方法]

1. 虾仁洗净，去虾线。

2. 调入 1 勺料酒，1 个鸡蛋的蛋液（图 1），1 勺盐（图 2），3 大勺淀粉（图 3）。

3. 用筷子按一个方向搅拌均匀（图 4），直至虾仁上劲，有些搅拌吃力的感觉。

4. 把虾仁上裹上干的面粉（图 5），要裹匀（图 6）。

5. 锅中倒入色拉油（图 7），至油温烧制八分热，把虾仁放到油锅中（图 8），大火炸至呈金黄色即可（图 9）。

小贴示

大家都知道，虾营养丰富，所含蛋白质是鱼、蛋、奶的几倍，甚至几十倍；虾还含有丰富的钾、碘、镁、磷等矿物质及维生素 A、氨茶碱等营养成分，且其肉质松软，易消化，对身体虚弱以及病后需要调养的人是极好的食物。

当这款青草蛋糕呈现在女儿面前的时候，女儿开心地笑了，甜甜地说："妈妈，你真好！"并使用最高级别的赞扬方式——在妈妈脸上印上香香的吻！她一连吃了4块青草蛋糕，也证明了这款青草蛋糕的美味，已经打动了这个美食小评委。

女儿说，妈妈是美羊羊，爸爸是懒羊羊，自己是喜羊羊。于是我们家里的美羊羊、懒羊羊、喜羊羊都吃上了美味营养的青草蛋糕。

ENJOY DELICIOUS FOOD

青草蛋糕

[制作食材] ❶

菠菜汁20克，蛋黄3个，蛋白3个，坚果油20克，细砂糖40克，低筋面粉50克，柠檬汁、盐各少许

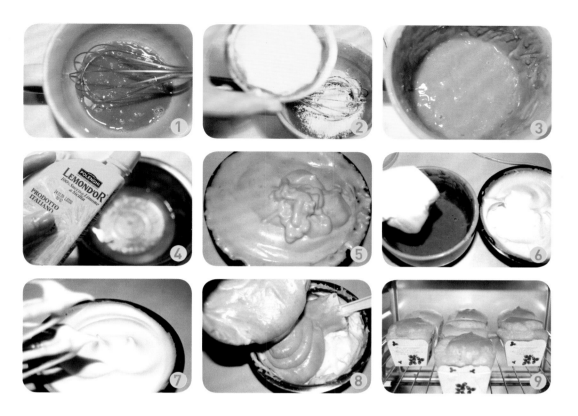

[制作方法] ⓘ

1. 把菠菜汁, 蛋黄, 坚果油, 1/3 的细砂糖搅拌均匀（图 1）。

2. 在混合物中筛入低筋面粉（图 2）, 搅拌均匀（图 3）。

3. 在蛋清中滴入 2 滴柠檬汁（图 4）, 并加入少许盐。

4. 分 3 次加入细砂糖, 打成湿性发泡, 呈黏稠凝固的状态（图 5）。

5. 将蛋白糊的 1/3 加入到面粉混合物中（图 6）, 搅拌均匀（图 7）。

6. 将剩余一半的蛋白糊加入到面粉混合物中, 搅拌均匀。

7. 将二者全部混合（图 8）, 最后翻拌均匀。

8. 将蛋糕糊装入模具中, 烤箱预热 170℃, 烤 20 分钟, 即可（图 9）。

小贴示 💡

这款蛋糕很适合不爱吃青菜的孩子。在吃蛋糕的同时, 他可以摄取菠菜中的丰富的营养, 菠菜可以促进生长发育、增强人体的抗病能力, 保障营养、增进健康, 促进人体新陈代谢。而且菠菜也给我们的蛋糕增加了天然健康的色彩, 我非常推荐这款蛋糕。

想吃蛋糕，想自己动手做蛋糕，又怕失败，
那么就做麦芬吧！麦芬好吃，省时间，基本是
零失败率只要按照顺序把材料混合在一起了，
放进烤箱里，然后就可以等着吃香喷喷的麦
芬蛋糕了！因为简单，所以我会把它弄出点儿
花样，让它更加具有诱惑力。

ENJOY DELICIOUS FOOD

朗姆酒葡萄干麦芬

[制作食材]

低筋面粉100克，色拉油65克，鸡蛋30克，细砂糖
50克，牛奶30克，泡打粉1/2小勺，小苏打1/8小勺

[制作方法] ⬤

1. 葡萄干用朗姆酒浸泡（图 1），备用。
2. 加入牛奶（图 2）、细砂糖（图 3）、色拉油（图 4），按照这个顺序加入，每次都要混合均匀后，再加下一种。
3. 将低筋面粉和可可粉混合均匀（图 5）。
4. 把浸泡葡萄干的朗姆酒倒入低筋面粉中，混合均匀。
5. 将浸泡过的葡萄干放入低筋面粉中（图 6）。
6. 将泡打粉、小苏打、鸡蛋，加入面糊中（图 7），混合均匀（图 8）。
7. 将混合物倒入模具中，七分满即可（图 9）。
8. 把模具放入烤箱中层，以上、下火 180℃烤 20 分钟，烤好后脱模即可。

因为麦芬的烤制比较简单，因此可以自己动脑加入喜欢的食材，我建议加入一些干果，因为它们的营养比较丰富，而且美味，最适合孩子们食用了。

我虽然宅在家中的日子居多，但对于盼望节日的心情，一点不亚于孩子。而且我有更多的时间为节日做准备，就像是圣诞节，早早地就把圣诞姜饼屋做好，还有很多可爱有趣的姜汁饼干，然后布置圣诞树，买回可爱喜庆的圣诞袜子、圣诞帽子等等。这样的忙碌成为我生活的乐趣，喜欢美食的我，当然也要准备圣诞饭喽，看了很多关于圣诞的美食，后来这款圣诞鸡翅饭就诞生了。这款圣诞鸡翅饭，制作时间短，品色养眼，集色香味于一身，而且制作其实很简单。

ENJOY DELICIOUS FOOD
圣诞鸡翅饭

[制作食材] ①

鸡翅适量，菜心1把，胡萝卜丁1勺，葱1小段，姜1小块，米饭（或者杂粮饭）1碗，老抽1小勺，芝麻油1勺，色拉油、盐、鸡精、白糖各少许

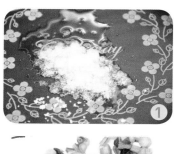

[制作方法]

红烧鸡翅的制作方法

1. 鸡翅洗净,放入锅中汆水,捞出。
2. 锅内放入少许色拉油,油温热后,加入1勺白糖(图1),烧制糖红色。
3. 放入鸡翅、葱、姜,一起翻炒至上色(图2)。
4. 加入1小勺老抽,炒均匀后,加水,加少许鸡精,盖锅盖炖。
5. 汤汁变少时加少许盐调味。汤汁收干后,关火。

清拌菜心的制作方法

1. 胡萝卜切丁,入沸水中煮熟,捞出备用
2. 菜心洗净,留菜茎一段(图3),余下的切碎。入沸水中焯熟捞出。
3. 在熟菜心中调入盐、鸡精、芝麻油,拌均匀(图4)。

圣诞树的制作方法

1. 把菜心段摆盘,之后,一层米饭、一层菜地码放成塔形,要整齐美观(图5图6)。
2. 摆入鸡翅,用胡萝卜丁装饰即可(图7)。

在做美食时，我呈现给大家的，尽量本着一个原则：把复杂的美食简单化，把简单的美食精美化。我用的食材和调料，尽量都选择日常都有的基本调料。也尽量减少在制作中用调料的复杂化，尽量保持食材的原汁原味，我要让观众和读者知道，不是所有"高级"的美食都高不可攀，也不是所有"平凡"的家常菜都没有魅力的。是不是有点儿太严肃了？嘿嘿，好了，接着回头说这道香菇肉盏的制作方法吧。

ENJOY DELICIOUS FOOD

香菇肉盏

[制作食材]

猪肉馅、香菇、姜、葱、胡萝卜、淀粉、料酒、生抽、盐、鸡精各适量

[制作方法]

1. 葱、姜切末，胡萝卜切成细丝（图1）。

2. 把切好的配料都放到肉馅中，然后加少许清水（图2）。

3. 调入1小勺盐、1小勺鸡精、1大勺料酒、1大勺生抽，搅拌均匀。

   * 记得要按一个方向搅拌哦。

4. 加入2大勺淀粉（图3），再次搅拌均匀（图4）。这样肉馅就调好了。

5. 香菇洗净，用刀把香菇蒂切下来（图5）。

6. 在香菇的蘑菇头上划个十字（图6），以便可以快速煮熟。

7. 在香菇碗的部分塞上调好味的肉馅（图7）。

8. 将香菇摆在盘中，放入蒸锅（图8）。水开后计时15分钟即可出锅。

小贴示

香菇可是相当有营养的，它含有多种维生素、矿物质，对促进人体新陈代谢、提高机体免疫力有很大的作用，又可用于消化不良、便秘、减肥等，是大名鼎鼎的"山珍"哦。怎么样，你得对它另眼相看了吧？

说起葡萄干，相信每个小孩都喜欢吃，甜甜的感觉总是能让人心情愉悦。我不喜欢吃里面有葡萄籽的马奶葡萄干，因为它看着很大、很诱人，但不是那么甜，葡萄籽吃到嘴里感觉也很不舒服，看来我是个小馋猫，喜欢口感极好的零食。今天我带给大家的这款葡萄奶酥，一直是我们剧组里的明星食品，大家在忙碌同时，嘴里还在偷偷地嚼着，忙得不得了。

ENJOY DELICIOUS FOOD

葡萄奶酥

///

[制作食材] ❶

低筋面粉 195 克，葡萄干 80 克，黄油 80 克，细砂糖 70 克，蛋黄 4 个（留半个做表面装饰用），奶粉 12 克

[制作方法] 🔴

1. 黄油室温软化后，加入细砂糖和奶粉打发（图1）。

2. 当黄油打发到稍稍膨胀一些时，颜色会稍稍发白（图2），要分多次加入蛋黄（图3，图4，图5）。

3. 打发到蛋黄完全融合到黄油中，体积有些变大，至颜色发白为止。

4. 把低筋面粉（图6）和葡萄干（图7）加入到黄油中，用手翻拌，并揉成团（图8）。

5. 把面团擀成大约1厘米的厚度，再切成块。

6. 将面块摆放到烤盘上（图9），表面刷蛋黄装饰（图10）。

7. 烤箱调至180℃，上、下管烤15分钟，烤至表面呈金黄色即可（图11）。

小贴示 💡

我家里总会备着一盒葡萄干，但要注意葡萄干的贮存方式，方法错误了，可是会影响口感的。我一般用密封盒来保存它，这样时间久了也不会影响口感，可以一直保持葡萄干的甜蜜味道。

孩子喜欢吃果冻，其实我自己也喜欢果冻QQ的口感。但是作为妈妈，我有点不放心外面买到的果冻，里面的各种添加剂太多了，已经超过了我能忍受的范围。好吧，在宝贝星星眼的攻击下，我决定自己研制，做一个勇于创新的妈妈，加油！

ENJOY DELICIOUS FOOD

鲜果果冻

[制作食材]

多种口味的QQ糖、热水、芒果、油桃、橘子、樱桃各适量

[制作方法]

1. 准备好 QQ 糖和热水,比例为 1:2(图 1)。

2. 樱桃去核,用一根筷子由樱桃蒂部用筷子尖插入进去(图 2),樱桃核就由尖部被顶了出去,这样一颗完整的去核樱桃就完成了。

3. 油桃切成小块(图 3)。

4. 橘子去皮分瓣(图 4)。

5. 芒果切小块(图 5)。

6. QQ 糖放入热水中(图 6),搅拌均匀,使 QQ 糖溶化成液体(图 7)。

7. 将水果丁放入布丁模具中(图 8)。

8. 把溶化的 QQ 糖液体放置稍凉,倒入模具当中(图 9)。

9. 把模具放入冰箱中冷藏 4 小时以上当液体成为果冻状态时即可。

小贴示

水果的选择可以多样化,甚至可以在果冻的名义下,让孩子尝试一下平时不是特别喜欢吃的水果,让他养成不挑食不偏食的好习惯。

锡纸烤排骨是一道我喜欢做的肉类菜。因为做的过程中无烟无油，设置好时间就可以去做其他的菜了。而当它做好上桌时，又会被孩子贪婪地嗅着香气，这种无声的赞美简直得来全不费工夫。

ENJOY DELICIOUS FOOD

锡纸烤排骨

[制作食材] 🍴

长段的猪排骨、洋葱、料酒、老抽、五香粉、
黑胡椒碎粒、 白糖、蜂蜜各适量

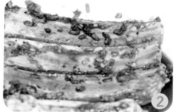

[制作方法]

1. 1勺料酒、2勺老抽、2大勺洋葱末、1小勺五香粉、1小勺黑胡椒碎粒、1勺白糖混合在一起（图1），拌匀，就制成好吃的排骨腌料了。

   * 料汁调的过程中，需要品尝一下，味道要稍咸一点儿，以便排骨入味。

2. 排骨洗净，用调制好的腌料腌渍排骨（图2）。排骨好吃的关键，在于腌渍的时间，腌得越久越入味。大家如果想吃的话，不妨提前一晚就腌上。如果是临时决定做这道美食，至少也得腌渍2小时（图3）。

   * 排骨不要用热水汆。

3. 剪一大块锡纸，铺在烤盘中，把腌渍好的排骨，整齐码放在上面。

4. 像盖被子一样，用锡纸把排骨包好，锡纸的四周要卷一下，防止料汁外漏（图4）。

5. 设定烤箱温度，200℃，上、下管烤20分钟。

6. 20分钟时间到，要打开锡纸，给排骨翻面（图5），盖上锡纸，再次进入烤箱。

7. 200℃，上、下管烤10分钟。

8. 烤好的排骨，料汁基本呈烤干的状态（图6）。大家可以根据口味，刷上适量的蜂蜜，即可食用。

小贴示

大家一定不要忽略中途翻面的步骤，在操作的过程中，切记要注意戴好隔热手套，注意安全。烤箱工作的时候，一定看好孩子，不要让他们接近烤箱，以免发生危险。在吃的时候，也要等待排骨温度降下来，这个需要亲手实测哦，不能凉，也不能烫到人。美味当前，安全才是硬道理。

我家的宝贝很喜欢吃虾仁什锦炒饭，我也很喜欢做给她吃。她喜欢，是因为这款炒饭的颜色好看，味道香香的，特别容易打动孩子。而我喜欢做，是因为它把几样蔬菜和虾仁结合在一起，不仅营养很丰富，而且又是一道主食，有菜有饭，做起来简单便捷。

ENJOY DELICIOUS FOOD

虾仁什锦炒饭

[制作食材]

虾仁、鸡蛋、洋葱、青椒、胡萝卜、米饭、生抽、盐、色拉油各适量

[制作方法] 🍴

1. 虾仁洗干净，去除沙线（图1）。

2. 洋葱，青椒，胡萝卜切成丁（图2）。

3. 鸡蛋打散，在里面加半勺盐，然后搅拌均匀（图3）。

4. 在锅内倒入色拉油（图4），至油温八分热，倒入蛋液（图5），迅速搅拌，把鸡蛋炒散，熟后盛出备用。

5. 倒少许油，油温热后，倒入切好的虾仁（图6），炒熟。

6. 倒入胡萝卜丁、青椒丁、洋葱丁，大火翻炒（图7）。

7. 倒入2大勺生抽（图8），加入适量的盐，翻炒均匀。

8. 加入米饭（图9），用饭铲稍压一下，避免米饭结块，炒匀即可出锅。

小贴示 💡

只要家里有的食材，大家都可以利用上，哪怕只有鸡蛋，也是可以的。这款炒饭很适合忙碌的早上，就这样的一款炒饭，营养全面，味道好，节省时间，相信会是出现在饭桌上的机会最多的食物。

我们一家人都喜欢吃肉,餐桌上是无肉不欢啊。肉,可以吃,只要不过度嗜好肉,荤素搭配,保持身体营养均衡,一切都OK!在制作这道粽香糯米蒸排骨的时候,我喜欢打开锅的那一刻,香味萦绕,总是让人垂涎欲滴。第一口的糯米,咸淡恰如其分,含有粽叶的清香味道,软糯适口;第二口的排骨,肉香迷人,咸香软烂,不油不腻。好了,快开始吧!

ENJOY DELICIOUS FOOD

粽香糯米蒸排骨

[制作食材] 🛈

排骨、糯米各适量,盐1大勺,白糖1勺,酱油2大勺,鸡精1小勺,料酒1勺,芝麻油1勺,姜末1/2勺,蒜末1/2勺,粽子叶3片

[制作方法]

1. 排骨洗净（图1），糯米洗净（图2），备用。
2. 把所有调料混合调匀，要稍稍咸一点儿，再放入姜末和蒜末（图3），腌渍排骨2小时（图4）。
3. 糯米洗净，浸泡2小时。
4. 棕子叶铺盘（图5），撒上一层糯米（图6），把腌渍好的排骨码好（图7），再覆盖一层糯米（图8）。
5. 将盘子放入蒸锅，上汽后蒸30分钟，熟后即可食用（图9）。

小贴示

《本草纲目》中早就有记载，粽叶具有有请热止血，解毒消肿，治吐血、下血、小便不利、痈肿等功效。粽叶还含有叶绿素和多种氨基酸等成分，而且其气味芳香，闻之可使人身心愉悦。

春卷的历史十分悠久，据说在宋代就已经有了。现在的春卷馅最常见的是豆沙馅，或者白菜粉丝馅。其实，只要搭配得当，自创一些新馅料是完全可以的。比如我就选择了含钙量比较高的虾米和可以增进食欲的韭黄。

ENJOY DELICIOUS FOOD

袖珍春卷

[制作食材] ❶

煎饼、胡萝卜、韭黄、虾米、鸡蛋、
色拉油、盐、鸡精各适量

[制作方法] ⓘ

1. 韭黄洗净，切 1.5 厘米的段（图 1）。

2. 胡萝卜切小丁（图 2），鸡蛋打散（图 3），备用。

3. 锅内倒入少许色拉油（图 4），至油温热，将鸡蛋炒碎（图 5），盛出备用。

4. 锅内倒少许色拉油，油温八分热后，放入洗干净的虾米炒出香味
   （图 6），加入胡萝卜丁，翻炒。

5. 加入韭黄段（图 7），大火翻炒。

6. 倒入鸡蛋碎(图8),大火翻炒

7. 加入适量的盐和鸡精(图9),即可出锅(图10)。

8. 将煎饼剪成长方形(图11),取一张铺平。

9. 将炒好的菜在边缘处放上1勺(图12),并开始卷起(图13),要将菜卷进去,两边要用手折整齐,这样小春卷就成型了(图14,图15)。

10. 在平底锅里刷一层色拉油(图16),将小春卷放在锅里煎至两面呈金黄色即可(图17,图18)。

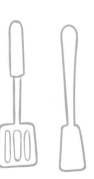

小贴示

有时在录节目期间,我觉得累了,就会集中做一些春卷速冻起来,这样吃的时候可以直接拿出来煎熟,但是因为自己做的不含防腐剂,所以不建议一次性做太多。

鱼香肉丝是一道普通的家常菜，但是基本上老少咸宜、人人爱吃，也是我们去饭店比较爱点的菜，我们称呼这样的菜肴为"下饭菜"。既然它这么受欢迎，那么掌握制作鱼香肉丝的技巧还是非常必要的。

ENJOY DELICIOUS FOOD

鱼香肉丝

[制作食材]

猪里脊、胡萝卜、木耳、青豆、葱、姜、蒜、白糖、醋、料酒、鸡精、盐、淀粉、色拉油各适量

[制作方法]

1. 鱼香料汁的调制：1 大勺白糖、1 小勺盐、1 小勺鸡精、半大勺料酒、2 大勺醋混合在一起，搅拌均匀（图 1）。

2. 猪里脊切成细丝，然后加入半勺盐，用淀粉抓匀（图 2）。

3. 葱切成葱花，蒜切片，姜切丝，备用。

4. 木耳用温水泡发好，切成细丝。胡萝卜切成细丝，备用。

5. 锅内倒入适量的色拉油（图 3），油温八分热的时候，把淀粉抓好的肉丝放入锅内翻炒（图 4），然后出锅备用。

6. 锅内少倒入一点儿色拉油，油温热时加入葱花、姜丝，炒出香味。

7. 把切好的木耳丝、胡萝卜丝和青豆倒入锅中（图 5），翻炒。

8. 把之前炒好的肉丝倒入锅内（图 6），翻炒。

9. 把调好的料汁倒入锅内翻炒（图 7），炒到汤汁收干即可出锅（图 8）。

小贴示

这款鱼香肉丝，我的宝贝特别喜欢吃，如果家长吃的话，可以根据自己的口味加一点儿干辣椒丝，味道更好。

葡萄果干司康

[制作食材]

高筋面粉125克，黄油30克，牛奶60克，葡萄干15克，鸡蛋1个，细砂糖15克，盐1/4 小勺，干酵母1/2小勺，全蛋液、朗姆酒各适量

[制作方法] 🖐

1. 葡萄干用朗姆酒浸泡软即可（图1），用纸吸去多余的酒。
2. 面粉和盐混合（图2），然后将黄油切成小块倒入面粉里（图3）。
3. 用手捏搓黄油和面粉（图4），让黄油与面粉混合在一起。
4. 牛奶、干酵母、细砂糖、鸡蛋混合均匀后（图5），与面粉混合（图6），揉成光滑的面团（图7）。
5. 把面团用手掌压扁，撒上葡萄干（图8），然后收口，再成面团。

[制作方法] ⓘ

6. 把面团放入容器中，覆盖上保鲜膜（图9），放到冰箱的冷藏室里放置一个晚上。

7. 冷藏后的面团用手掌压成面饼（图10）。

8. 用刀切成小块，每个小块中间留间隙（图11，图12）。

9. 小面块的表面刷上全蛋液（图13）。

10. 以180℃预热烤箱5分钟，放入烤箱中层烤15分钟左右（图14），至表面金黄即可出炉。

小贴示 💡

说起葡萄干，每个小朋友都喜欢吃，将它用来烘焙，那是相当明智的选择。因为葡萄干中的铁和钙含量十分丰富，非常适合孩子吃，可补血气、暖肾；葡萄干内含大量葡萄糖，对心肌有营养作用；葡萄干中还含有多种矿物质、维生素、氨基酸，常食对神经衰弱和过度疲劳者有较好的补益作用。

原味蛋挞

[制作食材] ①

蛋挞皮: 低筋面粉 50 克, 鸡蛋黄 50 克, 黄油 15 克, 白糖 25 克
蛋挞水: 牛奶 100 克, 白糖 30 克, 奶油 110 克, 蛋黄 2 个

制作蛋挞皮

[制作方法] 🔹

1. 黄油室温软化, 将白糖加入黄油中, 用电动器打蛋器打发均匀 (图1)。

2. 将蛋黄打散 (图2), 分次加入黄油中, 继续打发 (图3)。

3. 把低筋面粉筛入黄油糊中 (图4), 用勺子搅拌成大面疙瘩 (图5)。

4. 继续揉搓 (图6), 将它揉搓成面团 (图7)。

5. 把面团切成大小均匀的小面团 (图8)。

6. 取一个小面团放在模具中间 (图9), 用手指按压 (图10), 使其贴合于模具中 (图11),
   并让面坯薄厚均匀 (图12)。

制作蛋挞水 ///

[**制作方法**] ❶

1. 白糖加入牛奶中，搅拌溶化。

2. 将蛋黄加入牛奶中（图1），用手动打蛋器搅拌均匀（图2）。

3. 把淡奶油加入蛋黄液中（图3），用手动搅拌器搅拌均匀（图4）。

4. 用过滤网过滤液体后（图5），蛋挞水就做好了（图6）。

制作蛋挞 ///

[制作方法]

1. 以150℃预热烤箱10分钟。
2. 将蛋挞水注入到蛋挞皮中（图1）。
3. 将蛋挞放入烤箱的中层（图2），烘烤25分钟，至表面呈金黄色即可出炉（图3）。

小贴示

1. 蛋挞皮食材的用量可以根据需要按倍数增加，例如要做12个蛋挞，那么就把各类食材增加一倍。

2. 多余的蛋挞水可以放在封闭的容器中，在冰箱中冷藏，但要尽快食用。

3. 为了节省时间可以多制作一些蛋挞皮冷冻在冰箱里，需要的时候拿出即可放入烤箱。

ENJOY DELICIOUS FOOD

番茄大虾

[制作食材]

大虾、番茄酱、料酒、盐、鸡精、葱花、姜
丝、色拉油各适量

[制作方法] 🥄

1. 大虾（对虾）去头、去壳，先在虾背上划一刀，取出沙肠后洗净沥干。

2. 用盐稍腌片刻（图1），下入热油中炸透（图2），捞出（图3）。

3. 锅置火上，放入适量油，油热后放入葱花、姜丝，炒出香味（图4）。

4. 放入番茄酱（图5），炒透，加入清水（图6）、盐、鸡精，料酒，拌匀。

5. 放入大虾烧透（图7），再大火收汁，即可离火（图8）。

小贴示 💡

虾含有大量蛋白质，营养价值很高，而且易消化，适合老人、小孩食用，也适合身体虚弱及病后需要调养的人食用。但要注意的是，虾不要和维生素C含量丰富的食物同食，会引发中毒。

日子总是让人感到枯燥乏味，如何把枯燥的日子过成诗，那就是看如何玩儿转生活细节了。我喜欢在厨房忙碌时哼着歌；喜欢用一些花花草草装扮家；喜欢在一些节日，把餐桌打造得颇为浪漫。更多的时候，是把每日的饭食做得精美好看。今天这个小蜜蜂饭团，绝对是餐桌上的亮点，如果给孩子带饭，那么一定赚足全班同学的眼球。那么，还等什么，快来跟我一起做吧……

ENJOY DELICIOUS FOOD

小蜜蜂饭团

[制作食材] 🔆

米饭、海苔、胡萝卜各适量，黑豆2颗，鸡蛋2个，牙签1根，生菜2片，青豆2颗

[制作方法]

1. 鸡蛋煮熟，平均切成两半，取出蛋黄和米饭拌匀，蛋清备用。

2. 海苔剪出一片长方形（图1），两条约3毫米宽的长条（图2），再剪
   出蜜蜂嘴巴的形状备用。

3. 把胡萝卜切成片，剪成两个黑豆大小的圆片备用。

4. 将混合好的米饭平均分成两份。一份捏成圆形，一份捏成椭圆形。

5. 用长方形海苔，把圆形饭团1/3处包裹好，作为蜜蜂的头顶（图3）。

6. 用两条细长的海苔，装饰椭圆形饭团，作为蜜蜂的身体（图4）。

7. 用黑豆、胡萝卜片和嘴巴来做出五官（图5）。用牙签尖的一头固定青
   豆，作为蜜蜂的触角（图6）。

8. 饭盒内用生菜铺底，摆放好蜜蜂，最后将蛋清摆放蜜蜂身体两侧作为
   翅膀。

小贴示

小蜜蜂饭团适合学校春游
的时候带着，因为不会出
现漏洒的情况，再配上一
杯妈妈亲手榨的果汁营养、
快乐全都有了！

现在粗粮都特别金贵，吃粗粮已经成为了品味和时尚。我们家的粮食很是齐全，一盒盒摆得高高，特别隆重的样子。我总是喜欢变着法子做粗粮，可能是总感觉多吃粗粮后，身体就会变棒了。尤其家里有小朋友和老人，更要吃得粗细搭配、吃得营养均衡。

ENJOY DELICIOUS FOOD

玉米粒牛奶戚风

[制作食材] ①

低筋面粉 50 克，玉米粒 50 克，白糖50克，鸡蛋3个，牛奶20克，色拉油20克 ，盐、白醋各少许

[制作方法]

蛋黄糊的制作方法

1. 将蛋清、蛋黄分离，分别放入 2 个容器中。

2. 取过蛋黄盆，加入 10 克白糖，倒入牛奶（图 1），用打蛋器搅拌均匀，至白糖无颗粒状态。

3. 蛋黄中加入色拉油（图 2），充分搅拌均匀。

4. 在蛋黄中，筛入低筋面粉（图 3），混合均匀（图 4）。玉米粒洗净备用。

[制作方法]

1. 取过蛋清容器,加入少许盐,滴入 5 滴白醋或者是柠檬汁(图 6)。
2. 用电动打蛋器打发蛋清,余下的 40 克白糖,分 3 次加入。当蛋清出现鱼眼泡时,加入白糖继续打发(图 7);当蛋清成为密泡时,加入白糖继续打发;当蛋清变成细腻泡时,加入最后一次白糖(图 8),继续打发至干性发泡(图 9)。这样蛋白糊就制做好了。
3. 烤箱提前预热,以 150℃ 预热 10 分钟。

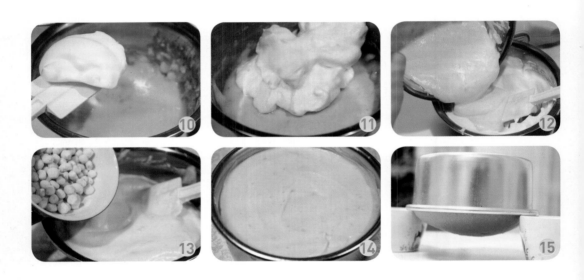

[制作方法]

1. 在蛋黄盆中,加入 1 刮刀量的蛋白糊(图 10),上下翻拌均匀。
2. 取余下的蛋白糊的一半与蛋黄糊混合(图 11),上下翻拌均匀。
3. 将蛋黄糊倒入余下的蛋白糊容器中(图 12),放入玉米粒,上下翻拌均匀 (图 13)。
4. 将翻拌均匀的蛋糕糊倒入 6 寸圆模具中(图 14),使劲磕两下,排除大气泡。
5. 把模具放入烤箱的中层,调至上、下管 150℃,烘焙 45 分钟。
6. 烤好后,戴上隔热手套,去除模具,倒扣放置冷却后(图 15),脱模。
7. 沿着模具和蛋糕周围用工具脱模,然后切块即可。

小贴示

这款戚风蛋糕,我非常喜欢,融入了玉米粒在其中,可谓是"土洋结合"。细中有粗,粗点缀着细,吃在嘴里充满惊喜感。当你咬到一颗玉米粒的时候,好像中了头彩一样快乐,然后就细细地的咀嚼,满口的香甜、满口的玉米的味道,你说,这样的一款烘焙作品是不是让大家感到非常有意思呢?

每次做蛋黄酥，都疲惫不堪，真是考验体力的时刻.其实做蛋黄酥并不难,但需要耐心和细心,才能够做出高颜值的蛋黄酥。当蛋黄酥出炉的那一刻,一定会瞬间化解疲惫,让你喜上眉梢.上班、上学带上两个漂亮的蛋黄酥,一定会吸引小伙伴们的眼球!

ENJOY DELICIOUS FOOD

彩色蛋黄酥

[制作食材] 🌾

油皮：中筋面粉225g，猪油81g，糖粉45g，水90g

油酥：低筋面粉180g，猪油90g，紫薯粉4g，抹茶粉3g

馅：咸鸭蛋黄24个，红豆沙600g

其他用料：蛋黄液、黑芝麻各适量，高度白酒装在一个小喷壶里

[制作方法] ❶

油皮的做法

1. 把所有制作油皮的食材全部混合在一起，揉成面团，大家可以借助面包机，用面包机的揉面程序来帮助操作揉面过程（图 1）。

2. 把揉好的面团包上保鲜膜，室温下醒发 30 分钟（图 2）。

油酥的做法

1. 将油酥面团，平均分成 3 份（图 3）。

2. 准备好的紫薯粉和抹茶粉，分别与其中一个面团混合，揉成颜色均匀的面团。

3. 然后覆盖上保鲜膜，醒发 20 分钟（图 4）。

[制作方法] 🍴

馅的做法

1. 将蛋黄放在烤盘当中，喷上高度白酒，放入烤箱中层，设置180℃上、下管，烤至蛋黄表面变黄，大约5分钟（图5）。

2. 将红豆沙平均分成24份，每份25g，团成球，备用（图6）。

包馅的做法

1. 将豆沙团放在手心，双手压成圆饼状，将蛋黄均匀地包起来（图7）。将油酥面团中的白色面团，平均分成8份。抹茶色面团，平均分成4等份。紫薯色面团，平均分成4份（图8）。

2. 将油皮先分成3等份。再将两份油皮，平均分成4份（大的）。

3. 最后将一份油皮，平均分成8份（小的）。

4. 先做传统版的蛋黄酥。取一份大的油皮，放在手心中按扁，然后包入一份

5. 大的油酥（紫薯油酥或者抹茶油酥）（图9）

6. 包的时候，要小心一些，油皮要慢慢地往上推，使其完全将油酥包裹上，收口，揉圆。包上保鲜膜。

7. 紫薯色和抹茶色包好后，用同样的方法继续包白色的油酥(小的)和油皮(小的)（图10）。

8. 取一个包好的面团，用擀面杖从中间开始至两边，分别擀开，擀成牛舌状（图11）。

9. 从一端卷起来（图12）。

10. 三种颜色的面团，如法炮制。要记得，每次做完一个都要盖上保鲜膜，防止干燥。醒发20分钟（图13）。

11. 把醒好的卷压扁，再一次擀开。这次擀得要尽量规矩一些，稍稍长一些，不用太宽，但是不能太薄（图14）。

12. 其余的如以上步骤重复即可，覆盖上保鲜膜，醒发20分钟。紫薯卷与抹茶卷是同样的操作方式（图15）。

13. 制作原色卷，就是取一个原色卷，封口朝上，两头折向中间，然后呈小正方形，四个角稍稍往里面收一下，尽量让它呈圆形，然后用手压扁，包入豆沙蛋黄团，收口，包紧。收口处压在下面（图16）。

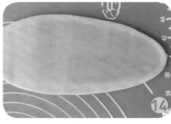

[制作方法]

烘焙的做法

1. 预热烤箱，170℃ 10 分钟。全部做好后（图 17），将原色的蛋黄酥上，刷上蛋黄液（图 18），撒上黑芝麻（图 19）。

2. 将烤盘放入烤箱中层，上、下火，设置 160℃，烘焙 30 分钟即可（图 20）。

小贴示

烘焙时候，要观察烤箱中蛋黄酥的情况，如果有跑沙现象，就要将温度调低一点儿。原色蛋黄酥在烤制过程中，要拿出来刷两次蛋黄液，这样颜色更加好看。

黄豆的营养价值极高，家里榨豆浆的豆渣，千万不要丢掉，我们让豆渣进行华丽的变身，成为一道超级娇美的甜点，清爽营养，柔软健康。让我们一起来做豆渣蛋糕吧。

ENJOY DELICIOUS FOOD

豆渣蛋糕

[制作食材]

豆渣100g，豆浆15g，植物油30g，
低筋面粉45g，鸡蛋3 个，白糖25g

[制作方法] ❶

1. 将鸡蛋的蛋黄,蛋清分离开来。

2. 蛋黄中,加入豆渣、植物油(图1),筛入低筋面粉(图2),搅拌均匀(图3)。

3. 打发蛋清,当蛋清呈粗的鱼眼泡的时候,加入1/3的白糖(图4)。

4. 继续打发,当蛋清泡沫稍微细腻一些的时候,再加入余下1/2的白糖。

5. 继续打发当蛋清泡沫变得更细腻的时候,加入余下的白糖打发至湿性发泡,
    就是提起打蛋器,带起来的泡沫微微变弯即可(图5)。

6. 在蛋白糊中,先加一勺量的蛋黄糊,用橡胶挂棒上下翻拌,混合均匀。

7. 加入余下蛋黄糊一半的量,上下翻拌,混合均匀(图6)。

8. 将余下的蛋黄糊,与蛋清糊完全混合,上下翻拌(图7)。

9. 把蛋糕糊倒入8寸模具中,抹平(图8)。

10. 预热烤箱,上下管180℃预热10分钟。放入烤箱中层,180℃烘烤25分钟
    即可(图9)。

菠菜是补铁的好食材,大家平时多吃点儿菠菜,可以补充维生素,对身体极有好处。但是在食用菠菜的时候,我们要注意菠菜当中含有草酸,不适合与豆腐同食,形成草酸钙后,会导致钙就无法吸收了。接下来,我们看看蒜蓉菠菜的做法吧。

ENJOY DELICIOUS FOOD

蒜蓉菠菜

[制作食材] ①

菠菜、大蒜、海鲜酱油、色拉油各适量

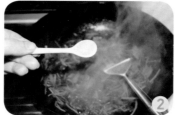

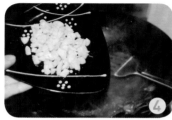

[制作方法]

1. 菠菜洗净，切成段；大蒜切成末。

2. 热水中放入 1 勺色拉油，沸腾后，将菠菜放入焯水（图1）。
   * 水中加色拉油，能够保持菠菜的色泽。焯水后，用凉水冲凉，攥干水分。

3. 锅内加入少许色拉油，油温至七分热，加入菠菜（图2）。

4. 加入 1 勺生抽（图3）。

5. 加入蒜末（图4），翻炒均匀即可出锅（图5）。

做月饼，准备工作比较烦琐。例如花生，要先进行烘烤，然后去皮。其他干果类，也需要分别烘烤。这样吃起来才会香。枸杞、红枣，尽量选择干一些的，这样做出的馅料口感好，不容易变质。所有的干果，一定要是熟的！至于干果的种类，可以根据喜好，调整品种。如果计算不好馅料和月饼皮的比例，也没有关系，可以把馅料或者月饼皮的面团放入冰箱冷冻起来，什么时候想做，再拿出来解冻制作。

ENJOY DELICIOUS FOOD

果仁月饼

[制作食材] ❶

月饼皮：转化糖浆90g，枧水1g，花生油30g（用花生油制作比较香，味道浓郁。也可以换成其他食用油），中筋面粉（普通面粉）120g，奶粉6g

果仁馅料：花生40g，黑芝麻40g，白芝麻40g，核桃仁40g，枸杞40g，南瓜子40g，腰果40g，红枣干40g，桃仁40g，水70g（白开水），高度白酒8g，植物油28g，糯米粉65g（炒熟），中筋面粉（普通面粉）35g（炒熟）

刷表面用：鸡蛋黄1个，鸡蛋清半个

[制作方法] ◑

果仁馅的做法

1. 把烤熟的花生去皮，放到保鲜袋里敲碎。其他大颗粒的干果，用刀切成小碎块（图1）。
2. 把所有干果放到一起，混合均匀（图2）。
3. 干果馅料中，加入水，白酒，混合均匀（图3）。最后加入炒熟的糯米粉和中筋面粉（图4）。戴上一次性手套，充分地搅拌混合。取一小把，试探能够攥成团，即可。

月饼皮的做法

1. 将转化糖浆放入碗里，加入枧水和植物油，混合均匀。
2. 将中筋面粉和奶粉过筛，加入和成面团，盖上保鲜膜静置1小时30分钟。

[制作方法] ℹ

包馅烘焙的做法

1. 把月饼馅和月饼皮按照 3：7 的比例分好。也就是 35g 的月饼馅，15g 的月饼皮，团成球形（图 5）。盖上保鲜膜静置 30 分钟（图 6）。

2. 将一份月饼皮放在手心压扁，把月饼馅放在中间（图 7）。

3. 用虎口慢慢地收紧，包好。然后将团好的月饼团放入月饼模具中用力压出形。在压形的时候，沾些干面粉，这样容易脱模，纹路也好看（图 8）。

4. 摆放在烤盘中，中间稍隔距离。在月饼上，薄薄地喷上一层水，防止烘烤干裂。放入预热好的 200℃的烤箱中层，烤 5 分钟定型。然后拿出来，在月饼上面刷上一层蛋液，蛋液不要太多，不然花纹存蛋液过多，就不好看了，也不用刷月饼侧面。继续放入烤箱烘烤 15 分钟，上色均匀即可出炉。（图 9）

小贴示 💡

刚做好的月饼，不要急着吃。这时月饼外表"强硬"，把它们放到一个密封的容器里，它们会慢慢变得"温柔"起来，"脸色"会变得温润可人，但是绝对是有"内涵"的尤物哦。

我喜欢吃肉脯，咀嚼在口中，有极大的满足感，但是市面上的肉脯，我不太吃。因为我曾经买过一个品牌的肉脯，放了了很久，都没有坏掉。我不想说因为什么，我只知道自己制作的吃着更安全、更放心。让我来教你做一款好吃的蜜汁猪肉脯吧。

ENJOY DELICIOUS FOOD

蜜汁猪肉脯

[制作食材]

猪里脊 500g，白糖 50g，料酒 10g，耗油 20g，盐 5g，
黑胡椒碎 1g，生抽 5g，老抽 5g，蜂蜜、白芝麻各适量，

[制作方法] 🍴

1. 肉洗干净，绞成肉末。可以用绞肉机绞两遍，如果能够用刀剁成肉末更好（图1）。

2. 除了蜂蜜和白芝麻，余下的所有备料都放进肉末中混合均匀（图2）。

3. 盖上保鲜膜，放到冰箱中腌渍1小时。

4. 蜂蜜适量，兑些水，稀释一下（图3）。

5. 用保鲜膜或油纸平铺桌子上，把肉末放在保鲜膜（油纸）上，再覆盖一层，用擀面杖将肉末擀成很薄的肉末片（图4）。

6. 放在油纸或者烘焙专用垫上，此时顺手预热好烤箱180℃，10分钟（图5）。

7. 将肉片放入烤箱中层，上、下火，180℃烤10分钟，然后取出来两面刷蜂蜜水，再送回烤箱（图6）。

8. 放入烤箱烤5分钟，拿出来两面刷蜂蜜水，再撒上白芝麻烤（图7），

9. 再烤5分钟即可出炉（图8）。

10. 冷却后，切成块即可（图9）。

小贴示 💡

吃不完的猪肉脯可以放在密封盒里，放入冰箱冷藏，但要尽快食用。平时上班，或者上学，带上几片，饿的时候嚼一嚼，横扫饥饿又解馋。

豆浆是非常健康营养的饮品,在我们的餐桌上常常出现。每次榨完豆浆,在丢掉豆渣的时候,我总有种暴殄天物的感觉,真是好心疼,但是又不知道该如何处理这些豆渣。后来,我开动脑筋,给了它们一个不一样的改变!

ENJOY DELICIOUS FOOD

豆渣小饼

[制作食材] ❶

鸡蛋1个,豆渣、低筋面粉、盐、葱花、白糖、食用油各适量

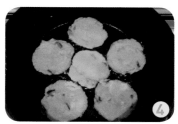

[制作方法]

1. 豆渣与低筋面粉的使用比例为 1:1（图 1）。

2. 将豆渣、低筋面粉、鸡蛋、葱花、盐、白糖全部放入容器当中，混合均匀（图 2）。

3. 平底锅内加入适量的食用油，烧至八分热，用勺子取 1 勺量的面糊，放在平底锅内（图 3），煎至两面呈黄色（图 4），即可出锅（图 5）。

小贴示

早餐时榨一杯豆浆，再用豆渣做一款这样的小饼，方便易操作，营养丰富，非常适合孩子食用。

制作蛋糕时，你的厨房会渐渐地弥漫香甜的味道，一切都变得那么美好。烤箱滴答滴答的声音，如同悦耳的曲调，伴随着好心情，会让你情不自禁地哼唱起来。这，就是家的感觉。

ENJOY DELICIOUS FOOD

蜂蜜凹蛋糕

[制作食材] 🌶

鸡蛋1个，蛋黄3个，糖粉30g，低筋面粉20g，蜂蜜15g

[制作方法] 🍴

1. 准备一个盆，放入40℃的温水。

2. 将鸡蛋和蛋黄放入另一个容器当中，加入糖粉（图1）。

3. 加入蜂蜜后（图2），隔水打发，打发至滴落后的蛋糊不会很快消失（图3）。

4. 筛入低筋面粉（图4），用橡皮刮刀上下翻拌均匀，至没有颗粒感。

5. 将蛋糕糊倒入6寸模具中（图5，图6）。

6. 将模具放入烤箱中层，上、下管，170℃烤12分钟即可（图7）。

小贴示 💡

1. 因为操作过程简便，所以首先预热烤箱，上、下管170℃10分钟，利用预热时间，开始凹蛋糕蛋糕糊的制作。善于统筹时间，会更省力气呢。

2. 这款蜂蜜凹蛋糕，真是好吃呢，湿软、清爽、不油腻，简单、省时、易操作。属于一款失败率较低的蛋糕，新手妈妈们学习烘焙时可以从蜂蜜凹蛋糕开始哟！毕竟，好的开端是成功的一半嘛。

北方人都喜欢吃辣白菜，每个人制作的辣白菜味道都不太一样，每个人喜欢的口味也不同，这就是所谓的众口难调。那么在这里，我来分享一下我的配方吧。辣白菜可以多做一些，储存在冰箱里，即使发酵，也不用担心，那不是坏掉了，是天然乳酸菌发酵的结果，可以放心食用。辣白菜衍生的美食也很多，例如：辣白菜炒饭、辣白菜煎饼、辣白菜炒土豆片、辣白菜土豆汤等。说了这么多，我们还是回到原点，从做辣白菜开始吧。

ENJOY DELICIOUS FOOD

辣白菜

[制作食材] 🖊

白萝卜1个，白菜1棵，香葱1把，洋葱半个，大蒜1头，虾酱1碗（也可以不用），盐、干辣椒片、白糖、鱼露各适量

[制作方法] 🍴

1. 白菜切或者掰成大小一致的块，撒上盐，抓匀，腌渍 2 小时（图1）。

2. 香葱切成 3 厘米左右的段，萝卜切丝（图2）。

3. 将洋葱、大蒜、生姜放入搅拌机中打碎（图3）。

4. 白糖适量，加入打碎的洋葱、姜末、蒜末（图4）。

5. 加入虾酱，加入鱼露（图5，图6）。

6. 将辣椒片加入进去，搅拌均匀（图7）。

7. 把切好的葱段、萝卜丝拌在辣椒酱中，戴上一次性手套，抓匀（图8）。

8. 白菜腌渍 2 小时后，用流动的水冲净，沥水。

9. 将拌好的辣椒酱料与白菜混合均匀（图9），放入干净、无油无水的密封盒中，室温放 6 小时，再放入冰箱中保存。3 天后开始食用。可以储存很长时间呢。

小贴示 💡

孩子最好少吃辛辣刺激性的食物，但是当孩子有吃点辣的欲望，或者食欲不振时适当地给孩子吃一些，是有好处的。此时，最好自己动手来做，这样比较能够控制辣度。

桃酥，是很多人小时候的回忆。它为味道朴实，越嚼越香，耐回味，泡一下牛奶，吸吮一下，真是很美妙。现在跟着媛媛一起做这款好吃又健康的桃酥吧。

ENJOY DELICIOUS FOOD

桃　酥

[制作食材]

面粉250g，植物油70g，白糖70g，
小苏打2g，鸡蛋1个，黑芝麻适量

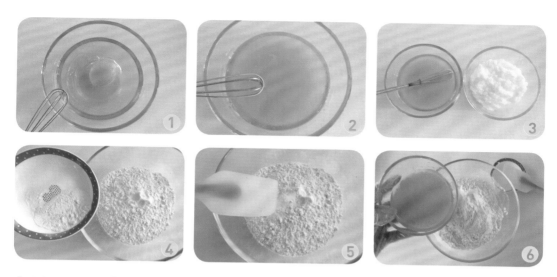

[制作方法] 🍴

1. 植物油中加入鸡蛋搅拌（图1），但是不能过度搅拌（图2）。

2. 加入白糖，混合均匀（图3）。

3. 面粉与小苏打混合后（图4，图5），倒入油蛋混合液，略加翻拌即可（图6）。

4. 用手将面粉抓捏成团（图7，图8）。

5. 取适量，约30g，揉圆，压扁（图9，图10），撒上黑芝麻（图11）。放入烤箱中层，上、下管，180℃烤15分钟，看桃酥颜色呈浅咖啡色即可出炉（图12）。

中国有着深厚的文化底蕴,包括美食文化,而中国的美食中甚至还寄托着美好的祝福。中国的传统是,每逢重要的节日要吃饺子。同时,在中国,鱼蕴含着"年年有余"之意,那么我们一起来做一款金鱼蒸饺吧。让你的餐点变得妙趣横生,让你的生活变得吉祥如意。

ENJOY DELICIOUS FOOD

小金鱼蒸饺

[制作食材]

调制好的饺子馅、饺子皮、青豆各适量

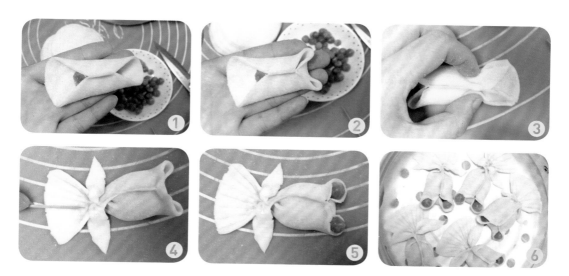

[制作方法] 🍴

1. 取一个饺子皮，在中间的位置放入饺子馅，不要放太多，两边捏一下（图 1）。
   将一端的饺子皮与捏合处捏一下，呈均等的半捏合状态的三角形（图 2）。

2. 将另一端饺子馅的位置捏合上（图 3）。

3. 用剪刀剪开两侧，并向两边分开（图 4）。

4. 用一根牙签，在鱼尾的位置压出纹路。

5. 在金鱼眼睛的位置上放上青豆（图 5）。

6. 将金鱼蒸饺放入蒸锅中（图 6），水开 8 分钟，小金鱼蒸饺就做好了。

这款雪球真是太好吃了，操作起来也容易。有空的时候做一些放在饼干盒子里，饿的时候，随手吃几颗，那感觉好美妙、好满足。而且自己做的健康营养，给孩子带些在身边，也是不错的小零食。

ENJOY DELICIOUS FOOD

核桃雪球

[制作食材] ❶

细砂糖20g，核桃仁40g，低筋面粉40g，扁桃仁粉40g，无盐黄油100g，糖粉适量

[制作方法]

1. 核桃仁切成小块,备用(图1)。

2. 黄油室温软化后,筛入低筋面粉(图2)、扁桃仁粉
   (图3)、细砂糖(图4),搅拌均匀(图5)。

3. 加入核桃仁(图6),搅拌均匀(图7)。

4. 盖上保鲜膜,放入冰箱冷藏30分钟。

5. 从冰箱取出,揉成小圆球(图8)。

6. 放入预热好的烤箱中,烤箱以170℃预热10分钟。
   然后170℃烘焙饼干10~15分钟(图9)。看饼干
   表面的颜色微微发黄即可。

7. 待饼干完全凉凉之后,筛上糖粉(图10),让每个
   饼干都沾上糖粉,就可以吃了。

吃惯了饺子，是不是想来点儿新花样了？今天我们就看看一盘饺子馅、几张饺子皮，是怎么做出一盘漂亮的玫瑰花饺子的吧。用美丽的玫瑰花让你家的餐桌也绚丽起来。

ENJOY DELICIOUS FOOD

玫瑰花煎饺

[制作食材]

鸡蛋1个，调制好的饺子馅、饺子皮、食用油各适量，黑芝麻少许

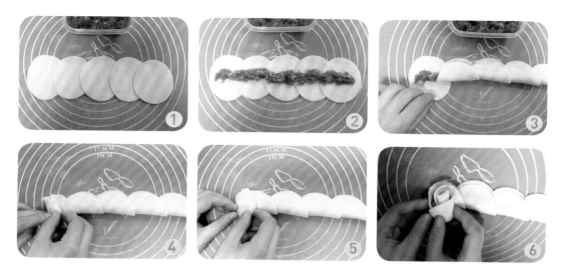

[制作方法]

1. 5 个饺子皮，一个压一个排列好（图 1）。

2. 饺子馅放在饺子皮中间的位置上（图 2）。

3. 将饺子皮逐个合上（图 3），由一端慢慢地卷起（图 4，图 5，图 6）。

4. 卷好立起来（图 7），稍作整理（图 8），就是一朵玫瑰花了（图 9）。多做一些，摆放好（图 10，图 11，图 12）。

5. 平底锅内，加入食用油（图 13）。

6. 油温至六分热时，把玫瑰花饺子放入进锅内（图 14）。

7. 小火煎至玫瑰花饺子底部微黄时，加入一杯凉水（图15），盖上锅盖焖制。

8. 当锅内的水快耗干的时候，打散1个鸡蛋（图16），顺着锅沿一圈倒入蛋液（图17）。

9. 待蛋液凝固后（图18），在玫瑰花上撒上少许黑芝麻即可出锅。

　　如今的菜市场的食材越来越多，玲琅满目，这反而让人产生选择困难，每天为三餐发愁，不知道做什么好。可是家里还有正在上学的孩子呢，每天学习那么辛苦，营养跟不上可不行啊。别心慌，别着急，下面为您呈现的是日常的营养美食套餐，非常适合学生们食用。好了，今后不用再发愁了，开始从容、开心地为孩子搭配饮食吧！

干煸豆角 + 请蒸闸蟹 + 酱牛肉
雪梨银耳羹 + 米饭

锅包肉土豆片 + 排骨炖豆角
青椒炒扇贝 + 排骨玉米汤
玉米 + 菜团子

青椒牛肉 + 萝卜粉丝丸子汤
玉米 + 花卷

丸子海带土豆汤 + 海鲜意面
甜辣龙利鱼 + 什锦麦片

西葫芦酿肉 + 排骨炖土豆
青椒牛肉 + 玉米 + 发糕

家常土豆丝 + 烤羊腿 + 玉米粒
手抓饼 + 玉米面粥

山药炒木耳 + 家常炖菜
什麦片锦 + 包子

西红柿炒鸡蛋 + 黑椒扇贝肉
金鱼蒸饺 + 什锦麦片

甜辣龙利鱼 + 冬瓜炒虾仁
什锦麦片 + 玉米

干烧菜花 + 红烧牛排 + 西葫芦
炒虾仁 + 什锦麦片

家常小火锅

炒青笋 + 炒豆角
鸡蛋饼什锦麦片

红烧肉炖豆角 + 芝麻花生
酱鸭舌 + 菠菜蛋花汤 + 包子

西红柿炒鸡蛋 + 冬瓜炒虾仁
蒸饺 + 玉米面粥

炒青笋 + 胡萝卜烧土豆
茄汁鱼 + 包子 + 玉米

洋葱炒鸡蛋 + 菠菜蛋花面

鸡肉炖土豆 + 冬瓜炒虾仁
手抓饼 + 五谷饭

排骨炖酸菜 + 红烧肉炖豆角
干煸菜花 + 五谷饭 + 百香果汁

西红柿炒鸡蛋 + 海盐烤蘑菇
蛋黄酥 + 燕麦粥 + 百香果汁

梅菜土豆块 + 西葫芦炒鸡蛋
软炸虾仁 + 蛋黄酥 + 素蒸饺

比萨 + 木耳炒山药
草莓蛋糕 + 什锦麦片

炒羊肉片
西红柿蛋花疙瘩汤 + 蒸饺

牛排炖豆角 + 蒸鸡蛋羹
玉米 + 五谷米饭

西红柿炒菜花 + 酱鸡手
山药炒木耳 + 家常土豆丝
鱼香肉丝 + 糖醋鸡蛋 + 米饭

地三鲜 + 软炸虾仁扇贝
什锦麦片

西红柿炒鸡蛋 + 鱼香肉丝
什锦麦片

清蒸闸蟹 + 紫菜蛋花汤
酱牛肉 + 菜团子 + 包子
红丝绒蛋糕

煎牛排 + 上汤娃娃菜
软炸虾仁 + 什锦麦片

烤秋刀鱼 + 家常菜花
什锦蘑菇 + 凉拌牛肉筋 + 米饭

红烧排骨炖豆角 + 参鸡汤
米饭 + 百香果汁

红烧排骨 + 咖喱鸡丁
紫菜蛋花汤 + 米饭

南瓜牛奶盅 + 茄汁鱼
咖喱牛肉 + 孜然羊肉
五谷饭 + 百香果汁

干煸豆角 + 红烧排骨
鸡汤木耳 + 角瓜虾仁蒸饺
什锦麦片

糖醋鸡蛋 + 骨汤菠菜面 + 水果

紫菜鲜肉小馄饨 + 水果

什锦麦片、玉米 + 水果

阳春面 + 面包片 + 水果

蛋黄酥 + 鸡蛋饼、
什锦麦片 + 水果

家常土豆片 + 鸡汤面条、
玉米 + 水果

酸辣土豆丝 + 油饼
什锦麦片 + 水果

面包片、什锦麦片
玉米粒 + 水果

三明治 + 水果

香酥蛋卷 + 玉米粒
什锦麦片 + 水果

清炒菜花 + 腌制小菜
花样馒头、玉米面粥

麻辣拌菜 + 熏肉 + 水果萝卜、
蒜薹卤菠菜面 + 春饼